本书由内蒙古大学2019年高层次人才科研启动金资助出版，是国家自然科学基金青年项目（编号：72004105）、国家自然科学基金面上项目（编号：71472079）、教育部人文社会科学青年基金项目（编号：20JYC630049）的阶段性研究成果。

安全生产目标考核制度的治理效果研究

姜雅婷 ◎ 著

中国社会科学出版社

图书在版编目（CIP）数据

安全生产目标考核制度的治理效果研究／姜雅婷著 . —北京：中国社会科学出版社，2022.6

ISBN 978 - 7 - 5227 - 0231 - 5

Ⅰ. ①安…　Ⅱ. ①姜…　Ⅲ. ①安全生产—安全管理—考核—研究—中国

Ⅳ. ①X931

中国版本图书馆 CIP 数据核字（2022）第 089133 号

出 版 人	赵剑英	
责任编辑	许　琳　齐　芳	
责任校对	谈龙亮	
责任印制	郝美娜	

出　　版	中国社会科学出版社	
社　　址	北京鼓楼西大街甲 158 号	
邮　　编	100720	
网　　址	http://www.csspw.cn	
发 行 部	010 - 84083685	
门 市 部	010 - 84029450	
经　　销	新华书店及其他书店	

印　　刷	北京君升印刷有限公司	
装　　订	廊坊市广阳区广增装订厂	
版　　次	2022 年 6 月第 1 版	
印　　次	2022 年 6 月第 1 次印刷	

开　　本	710 × 1000　1/16	
印　　张	16	
字　　数	250 千字	
定　　价	88.00 元	

目　录

序　言 ……………………………………………………………… (1)

第一章　绪论 ……………………………………………………… (1)

第一节　选题背景与研究意义 ………………………………… (1)

一　选题背景 ………………………………………………… (1)

二　问题的提出 ……………………………………………… (7)

三　研究意义 ………………………………………………… (8)

第二节　核心概念界定 ………………………………………… (9)

一　安全生产相关概念界定 ………………………………… (9)

二　目标考核相关概念界定 ………………………………… (10)

三　治理效果相关概念界定 ………………………………… (11)

第三节　分析视角阐释 ………………………………………… (18)

一　激励、激励机制与晋升激励 …………………………… (18)

二　安全生产目标考核：一项负向晋升激励 ……………… (20)

三　晋升激励分析视角何以体现? ………………………… (24)

第四节　研究边界廓清 ………………………………………… (26)

第五节　研究设计 ……………………………………………… (30)

一　研究内容 ………………………………………………… (30)

二　研究方法 ………………………………………………… (32)

三　关键问题 ………………………………………………… (34)

四　技术路线 ………………………………………………… (36)

第二章 相关研究综述 ·· (39)

　第一节　关于晋升激励的研究 ···························· (39)

　　一　晋升激励的制度基础 ······························ (39)

　　二　晋升激励下的地方政府和官员行为 ········ (44)

　第二节　关于绩效管理和目标考核的研究 ·········· (48)

　　一　地方政府绩效管理 ································ (49)

　　二　目标责任制与目标考核 ························ (51)

　第三节　关于安全生产考核与问责的研究 ·········· (54)

　第四节　研究述评 ··· (58)

第三章 安全生产目标考核制度对治理效果的影响模型 ·········· (64)

　第一节　决策问题描述与界定 ···························· (64)

　第二节　模型建立与分析 ································ (66)

　　一　理论基础与分析框架 ···························· (66)

　　二　参与人及主要假设 ································ (67)

　　三　模型建立 ·· (68)

　　四　模型分析与结论 ·································· (70)

　　五　数值模拟与验证 ·································· (71)

　第三节　本章小结 ··· (72)

第四章 安全生产目标考核制度的治理效果检验 ·········· (74)

　第一节　实证背景与问题描述 ···························· (75)

　　一　实证背景 ·· (75)

　　二　问题描述 ·· (80)

　第二节　研究假设及实证模型 ···························· (83)

　　一　安全生产目标考核制度与安全生产治理效果 ········ (83)

　　二　省级官员个人特征与安全生产治理效果 ········ (87)

　　三　安全生产目标考核制度治理效果的时间效应 ········ (93)

　第三节　研究方法 ··· (95)

　　一　样本选取与数据来源 ···························· (95)

二 变量测量 ……………………………………………… (97)

三 假设检验方法 ………………………………………… (104)

第四节 研究结果 ………………………………………… (106)

一 描述性统计 …………………………………………… (106)

二 相关性分析 …………………………………………… (107)

三 回归分析 ……………………………………………… (111)

四 稳健性检验 …………………………………………… (119)

第五节 本章小结 ………………………………………… (124)

第五章 安全生产目标考核制度治理效果的中间机制检验 …… (129)

第一节 实证背景与问题描述 …………………………… (130)

一 实证背景 ……………………………………………… (130)

二 问题描述 ……………………………………………… (132)

第二节 地方政府安全生产治理行为：打开黑箱的钥匙 …… (133)

一 地方政府安全生产治理行为为什么能够打开

"目标考核—治理效果"黑箱？ ………………………… (133)

二 地方政府安全生产治理行为的分析路径 …………… (135)

三 地方政府安全生产治理行为的分析维度 …………… (137)

第三节 研究假设及实证模型 …………………………… (146)

一 安全生产目标考核制度与安全生产治理效果 ……… (146)

二 安全生产目标考核制度与地方政府治理行为 ……… (146)

三 地方政府治理行为与安全生产治理效果 …………… (150)

四 地方政府治理行为的中介效应 ……………………… (154)

第四节 研究方法 ………………………………………… (158)

一 样本选取与数据来源 ………………………………… (158)

二 变量测量 ……………………………………………… (161)

三 中介效应检验 ………………………………………… (168)

四 假设检验方法 ………………………………………… (170)

第五节 研究结果 ………………………………………… (172)

一 描述性统计 …………………………………………… (172)

　　二　相关性分析 ……………………………………… (176)

　　三　回归分析 ………………………………………… (176)

　　四　内生性检验：工具变量法 ……………………… (188)

　　五　稳健性检验 ……………………………………… (189)

第六节　本书因果推断思路梳理 ……………………… (192)

　　一　研究设计层面 …………………………………… (193)

　　二　研究结果层面 …………………………………… (194)

第七节　本章小结 ……………………………………… (195)

第六章　研究发现及政策建议 ………………………… (199)

第一节　研究发现 ……………………………………… (199)

第二节　政策建议 ……………………………………… (204)

　　一　输入层面：完善现有以事故结果指标控制为

　　　　核心的安全生产目标考核制度 ………………… (205)

　　二　过程层面：加强对地方政府安全生产实质性

　　　　治理行为的过程控制 …………………………… (209)

　　三　结果层面：实现由安全生产治理效果考核到

　　　　安全生产绩效治理的转变 ……………………… (211)

第七章　结束语 ………………………………………… (212)

第一节　主要内容及结论 ……………………………… (212)

　　一　主要内容 ………………………………………… (212)

　　二　研究结论 ………………………………………… (213)

第二节　主要贡献与创新点 …………………………… (215)

　　一　主要贡献 ………………………………………… (215)

　　二　创新点 …………………………………………… (215)

第三节　未来研究方向 ………………………………… (216)

参考文献 ………………………………………………… (218)

后　记 …………………………………………………… (239)

表目录

表 1—1 安全生产问责制度和重要表述汇总 ……………………… (5)

表 1—2 《中华人民共和国安全生产法》（2014 年修订）关于
安全生产责任主体职责的表述…………………………… (14)

表 1—3 本书核心概念界定汇总…………………………………… (17)

表 1—4 中央层面出台的"一票否决"事项……………………… (22)

表 1—5 几起重特大事故的行政问责结果………………………… (29)

表 1—6 实证研究主要变量的数据来源…………………………… (34)

表 2—1 近年来关于我国官员晋升激励下地方政府和地方官员
行为的相关外文文献……………………………………… (61)

表 4—1 安全生产"十一五"和"十二五"规划列出的目标
任务………………………………………………………… (76)

表 4—2 安全生产目标考核制度的治理效果研究假设…………… (95)

表 4—3 主要变量与数据来源 …………………………………… (103)

表 4—4 本章所涉及的几种假设检验方法 ……………………… (105)

表 4—5 主要变量描述性统计 …………………………………… (106)

表 4—6 主要变量相关性分析：总量控制、重特大事故 ……… (110)

表 4—7 主要变量相关性分析：煤矿安全 ……………………… (111)

表 4—8 目标考核、官员个人特征对安全生产治理效果的
影响：总量控制、重特大事故 ………………………… (114)

表 4—9 目标考核、官员个人特征对安全生产治理效果的
影响：煤矿安全 ………………………………………… (116)

表 4—10 安全生产目标考核制度治理效果的时间效应…………… (117)

表4—11　安全生产目标考核制度的治理效果（总量、重特大
　　　　事故）：加入被解释变量滞后期 ……………………………（120）

表4—12　安全生产目标考核制度的治理效果（煤矿安全）：
　　　　加入被解释变量滞后期 ……………………………………（122）

表4—13　安全生产目标考核制度治理效果检验结果梳理…………（125）

表5—1　地方政府安全生产治理的主体互动 ……………………（138）

表5—2　政策量化分析相关研究列举 ……………………………（141）

表5—3　地方政府安全生产治理三种政策工具举例 ……………（144）

表5—4　安全生产目标考核制度治理效果中间机制检验
　　　　研究假设 ……………………………………………………（156）

表5—5　2001—2012年各省（区）出台的有关安全生产
　　　　治理的政策：按省份统计 …………………………………（160）

表5—6　政府安全生产治理承诺信息编码示例 …………………（163）

表5—7　主要变量与数据来源 ……………………………………（167）

表5—8　本章计量模型中所涉及的检验汇总 ……………………（171）

表5—9　本章所涉及的几种假设检验方法 ………………………（172）

表5—10　主要变量描述性统计……………………………………（173）

表5—11　主要变量相关性分析……………………………………（177）

表5—12　目标考核与治理承诺和治理政策、治理效果…………（178）

表5—13　目标考核与治理效果：治理承诺的中介效应…………（182）

表5—14　目标考核与治理效果：治理政策的中介效应…………（185）

表5—15　地方政府治理承诺和治理政策中介效应检验结果
　　　　梳理………………………………………………………（188）

表5—16　内生性检验：工具变量…………………………………（190）

表5—17　Sobel 检验 ………………………………………………（192）

图目录

图 1—1　国家层面安全生产工作主要职能机构的变迁 …………… （3）

图 1—2　安全生产治理的相关主体………………………………… （13）

图 1—3　安全生产治理主体责任维度划分………………………… （15）

图 1—4　安全生产的负向晋升激励作用…………………………… （23）

图 1—5　晋升激励分析视角：外部制度环境和内在特征属性…… （25）

图 1—6　研究内容及逻辑关系图…………………………………… （31）

图 1—7　研究技术路线图…………………………………………… （37）

图 2—1　相关理论与文献综述框架体系…………………………… （40）

图 3—1　晋升激励下地方政府安全生产治理努力模型

　　　　分析框架………………………………………………… （68）

图 3—2　目标考核出台前（λ=0.1）和出台后（λ=0.9）

　　　　时地方官员晋升总效用函数………………………………（72）

图 3—3　第三章研究思路梳理……………………………………… （73）

图 4—1　2004—2014 年安全生产"一票否决"制度的省际扩散 … （79）

图 4—2　安全生产"目标考核—治理效果"概念逻辑 …………… （83）

图 4—3　晋升激励下安全生产目标考核制度的治理效果实证

　　　　模型……………………………………………………… （94）

图 4—4　安全生产治理效果三维测量体系 ……………………… （100）

图 4—5　工矿商贸企业事故死亡人数（对数）按省份时间

　　　　序列 …………………………………………………… （108）

图 19　工矿商贸企业亿元 GDP 事故死亡率按省份时间序列 ……… （107）

图 4—7　煤矿事故起数按省份时间序列 ………………………… （109）

图4—8 煤矿事故死亡人数按省份时间序列 ……………………（109）

图4—9 百万吨煤死亡率按省份时间序列 …………………………（110）

图4—10 第四章研究思路梳理………………………………………（125）

图5—1 安全生产"目标考核—治理效果"黑箱概念逻辑 ………（133）

图5—2 地方政府安全生产治理行为的分析维度 ………………（139）

图5—3 地方政府安全生产治理政策工具图谱 …………………（143）

图5—4 晋升激励下安全生产目标考核制度治理效果
中间机制实证模型 ………………………………………（158）

图5—5 "中国地方政府安全生产治理地方性法规、规章
及文件数据库"（2001—2012）多重证据来源的
"三角验证" ………………………………………………（159）

图5—6 2001—2012年省级地方政府出台的有关安全生产
治理的政策：按政策类别统计 …………………………（161）

图5—7 典型的中介效应模型图 …………………………………（169）

图5—8 《政府工作报告》中"安全生产"词频箱图 ……………（174）

图5—9 《政府工作报告》中"安全生产"承诺水平柱形图 ……（174）

图5—10 地方政府出台的安全生产治理法规规章和规范性文件
数量箱图 …………………………………………………（175）

图5—11 地方政府出台的安全生产治理命令—控制型政策工具
数量箱图 …………………………………………………（175）

图5—12 地方政府出台的安全生产治理组合型政策工具柱
形图 ………………………………………………………（176）

图5—13 本书因果推断的思路梳理………………………………（193）

图5—14 第五章研究思路梳理：由治理行为到治理承诺和治理
政策…………………………………………………………（196）

图6—1 安全生产治理"制度输入—治理过程—绩效输出"
循环 ………………………………………………………（206）

序　言

　　良好的公共安全环境是以人民为中心、满足人民美好生活需要的应有之义。党的十八大以来，我国安全生产治理取得积极进展，事故总量、较大事故起数、重特大事故起数实现"三个持续下降"。与此同时，工业化、城镇化等趋势叠加引发的综合性风险压力仍然存在，事故隐患和安全风险等影响公共安全的因素交织相伴，各类突发事件仍处于易发多发期。如何从政府顶层设计的角度有效预防和控制各类事故，不仅考验着各级政府的治理水平和治理能力，而且是应急管理体系和能力建设现代化的重要体现。21 世纪以来，围绕安全生产治理的体制改革、制度安排、职能调整与机构整合等方案和举措相继出台，我国应急管理体系建设逐渐完善。伴随着这一宏观背景，迫切需要学术界立足我国安全生产治理实践，对特定制度安排的实施效果、特别是产生治理效果的作用机制展开研究，从而为进一步扩大安全生产治理成效提供启示和依据。

　　在我的研究团队中，不同于团队其他成员从企业的角度研究公共安全问题，姜雅婷博士是第一个从公共管理视阈下政府的视角看"安全"、并对安全生产治理领域特定制度效果开展实证研究的博士生。在读博期间，她专注于安全生产目标考核制度的治理绩效，不仅在公共管理学科重要学术期刊上发表了几篇颇具影响力的文章，而且顺利完成了博士学位论文；毕业走上教学科研工作岗位后，她的博士学位论文被评为甘肃省优秀博士学位论文、兰州大学优秀博士学位论文，并获得了第二届"夏书章公共管理优秀博士论文"提名；延续上述研究基础，她先后获批国家自然科学青年基金、教育部人文社会科学青年基金等项目资助，并将博士论文重新集结出版。作为见证她一路成长、并开始在学界初露头角的老师，我对她近年来取得的成就、特别是这部《安全生产目标考核制度的治理效果研究》的问世，感到由衷欣慰，在此表示热烈祝贺。

姜雅婷博士的这部著作基于晋升激励的分析视角，综合公共管理学、政治学、组织行为学、政策科学等多学科领域，运用建模分析、实证分析、内容分析等多种方法，对我国安全生产目标考核制度的治理效果进行了理论分析和实证检验。该研究首先基于公共选择理论"理性人"假设和中央政府和地方政府在安全生产治理中的委托—代理关系，建立包含安全生产和经济增长两类活动的地方官员晋升效用模型，着重考察在安全生产目标考核制度出台前后，不同程度的安全生产晋升激励水平如何影响地方政府的安全生产治理努力进而如何影响治理效果，以此从数学模型的角度对"目标考核—治理行为—治理效果"逻辑链条做一初探。其次，基于2001—2012年中国30个省（区、市）的面板数据，为安全生产目标考核制度的治理效果提供了翔实的实证证据；进一步地，以地方政府安全生产治理行为作为打开"目标考核—治理效果"作用黑箱的关键，基于"中国地方政府安全生产治理地方性法规、规章及文件数据库"（2001—2012），构建包含有治理承诺和治理政策的地方政府安全生产治理行为分析维度框架，并对其在目标考核与治理效果之间的中介作用机制进行了检验。最后，在建模分析和实证检验基础上，回归我国公共管理实践，从制度输入、治理过程和绩效输出三个层面提出进一步扩大安全生产治理成效的政策建议。

本书的研究分析过程及其研究结论在理论层面拓展了晋升激励下地方政府和官员治理行为的研究场域，提出了地方政府安全生产治理行为的分析框架，创新了安全生产目标考核制度治理效果研究的理论视角。在实践层面，对于我国安全生产目标考核制度的实施效果及其中间机制进行了考察，并提供了基于大样本面板数据的实证证据。基于实证证据，本研究为从制度输入、治理过程和绩效输出等层面出发进一步扩大安全生产治理效果提供了理论依据。

总体来看，姜雅婷博士的《安全生产目标考核制度的治理效果研究》一书正是在当前推进国家应急管理体系和能力现代化背景下检视安全生产目标考核制度治理效果的一项探索性尝试。当然，该书对于这一领域的探索仍旧较为初步，希望雅婷博士在相关领域、特别是对新出现的问题继续开展深入的研究，也希望她能够在学术领域百尺竿头、更进一步！

兰州大学管理学院 教授、博士生导师

2021 年 11 月于兰州

第 一 章

绪　论

第一节　选题背景与研究意义

一　选题背景

（一）治理难题：生产安全事故频发多发，成为摆在各级政府面前的一项公共治理难题

长期以来，伴随着我国经济的持续快速发展，生产安全事故频发多发。在"唯 GDP 至上"落后发展观念和错误政绩观的指引下，传统安全生产管理体制积弊已久，多头管理与条块分割使得企业安全生产责任意识淡薄，政府安全生产防范监管责任缺位，经济高速发展背后的安全生产代价触目惊心。

有资料显示，我国当前正处于生产安全事故的上升期，部分省份甚至还处于高发期。特别是在 21 世纪初，1999 年至 2002 年四年之间，全国事故死亡总人数以年均 6.7 万人的速度上涨，至 2002 年，我国生产安全事故总量高达 107 万起。[①] 2003 年我国煤炭产量约占全球的 35%，百万吨煤事故死亡率（4.17）分别是南非（0.13）的 30 倍和美国（0.039）的 100 倍。[②] 近年来，尽管生产安全事故主要指标呈现下降趋势，但我国安全生产形势依然极其严峻。

[①]　人民网：《十年，从安全生产到安全发展》，2012 年 10 月 24 日，https：//www. china-safety. org. cn/caws/Contents/Channel_ 20232/2012/1024/186861/content_ 186861. htm，2017 年 9 月 1 日。

[②]　新浪网：《我国百万吨煤死亡率为美国 100 倍南非 30 倍》，2004 年 11 月 12 日，http：//news. sina. com. cn/c/2004 - 11 - 12/15174897995. shtml，2017 年 8 月 25 日。

生产安全事故率的高企不仅造成了重大的人员伤亡和财产损失，而且强烈冲击了人民群众的安全感，严重影响了政府执政的公信力，同时对国家治理能力现代化建设提出了严峻挑战。[①] 21 世纪初，中央政府开始通过职能机构重组、体制改革等举措下重拳治理安全生产乱象。2001 年 2 月，国家安全生产监督管理局由国务院批准组建，由国家经济贸易委员会实行部门管理，履行国家安全生产监督管理和煤矿安全检查职能，综合管理全国安全生产工作，自此安全生产工作开始受到中央的空前重视；2003 年 10 月，国务院安全生产委员会从国家经济贸易委员会独立出来，由此成为国务院直属的国家副部级单位，负责研究部署和指挥协调全国安全生产工作；2005 年国家安全生产监督管理总局这一正部级的国务院直属机构成立，标志着安全生产治理已成为国家顶层设计关注的重点治理领域。2018 年 3 月，根据第十三届全国人民代表大会第一次会议批准的国务院机构改革方案，将国家安全生产监督管理总局的职责整合，组建中华人民共和国应急管理部，不再保留国家安全生产监督管理总局。图 1—1 呈现了国家层面负责安全生产工作主要职能机构的变迁。

政府职能机构的重组不仅体现了中央政府对安全生产治理的空前重视，而且彰显了国家对于需要什么样的发展、如何评价地方政府政绩的反思。面对长期以来"GDP 崇拜"带来的生态环境恶化、资源约束逼仄等诸多矛盾与问题，中央于 2003 年提出强调经济社会全面、协调、可持续的科学发展观，地方政府政绩考核标准开始由追求 GDP 增长向追求科学发展转变，其中最为突出的是加大节能减排和安全生产在政府绩效考核中的权重。然而，由于安全生产治理牵涉政府、企业等多元利益主体，责任难以清晰界定，加之需要长期的技术、资金的持续投入，治理效果并非短期可见，故而安全生产治理依旧是中国最大的公共治理难题之一[②]。据统计，2015 年，全国共发生死亡 10 人以上、直接经济损失 5000 万元以上的重特大生产安全事故 38 起，平均约 10 天发生一起，

[①] 姜雅婷、柴国荣：《目标考核、官员晋升激励与安全生产治理效果——基于中国省级面板数据的实证检验》，《公共管理学报》2017 年第 3 期。

[②] 聂辉华、蒋敏杰：《政企合谋与矿难：来自中国省级面板数据的证据》，《经济研究》2011 年第 6 期。

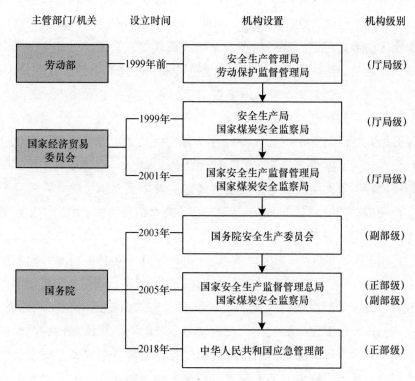

主管部门/机关	设立时间	机构设置	机构级别
劳动部	1999年前	安全生产管理局 劳动保护监督管理局	（厅局级）
国家经济贸易委员会	1999年	安全生产局 国家煤炭安全监察局	（厅局级）
	2001年	国家安全生产监督管理局 国家煤炭安全监察局	（厅局级）
国务院	2003年	国务院安全生产委员会	（副部级）
	2005年	国家安全生产监督管理总局 国家煤炭安全监察局	（正部级） （副部级）
	2018年	中华人民共和国应急管理部	（正部级）

图1—1 国家层面安全生产工作主要职能机构的变迁

共造成 768 人死亡和失踪,[①] 重特大事故形势依然相当严峻；此外，一些地区和行业领域呈现短时间内同类事故集中发生的特点，引发了社会的高度关注。由此，如何破解当前安全生产治理困境，成为摆在各级党委和政府面前的一大棘手问题。

（二）政府对策：安全生产目标考核制度出台，安全生产问责制度体系构建逐步完善

面对日益高企的生产安全事故率，除政府职能机构的重组与设置之外，中央颁布了一系列制度法规以防范生产安全事故，落实安全生产各主体责任，促进安全生产形势的好转。2001 年《国务院关于特大安全事

---

① 人民网：《坚持改革创新，强化依法治理，全力遏制重特大事故多发的势头》，2016 年 1 月 15 日，http：//politics. people. com. cn/n1/2016/0115/c1001 - 28055024. html，2017 年 8 月 22 日。

故行政责任追究的规定》提出坚持"四不放过"原则,强调严肃追究特大安全事故的行政责任;2002 年《中华人民共和国安全生产法》首次以国家法律的形式规定"实行生产安全事故责任追究制度,追究生产安全事故责任人员的法律责任";2004 年国务院安全生产委员会向各省（区、市）人民政府下达的生产事故结果控制指标首次将生产安全事故控制列入对地方政府政绩考核的重要内容,更为严厉的安全生产"一票否决"制度开始在省份间逐步扩散;2009 年 7 月,中共中央办公厅、国务院办公厅颁布《关于实行党政领导干部问责的暂行规定》,明确对有"因工作失职造成特别重大生产安全事故发生或连续发生重大事故的党政领导干部实行问责";2013 年,习近平总书记指出要严格落实安全生产"党政同责、一岗双责、齐抓共管、失职追责"制度。

运用 ROST 和 NVivo 软件,笔者对 2001—2015 年我国国家和地方层面 169 份涉及安全生产问责的政策文本进行了规范的内容分析,以揭示不同政府层级、不同时期安全生产问责制度演进的内在逻辑和发展脉络。研究表明,经过十五年的发展,我国安全生产问责制度体系构建逐渐完善,国家法律、行政法规、部门规章和规范性文件日益完备,安全生产问责制度呈现出问责关口不断前移、问责机制不断完善、问责追究的短期效应和地方问责的先行效应等演进规律,揭示了我国安全生产问责经历了压力型问责（2001—2005 年)、运动式问责（2006—2010 年)和常态化问责（2011—2015 年)三个阶段。[①]

---

① 姜雅婷、柴国荣:《安全生产问责制度的发展脉络与演进逻辑——基于 169 份政策文本的内容分析（2001—2015)》,《中国行政管理》2017 年第 5 期。

表1—1   安全生产问责制度和重要表述汇总

制度名称/重要表述	时间	重要规定
《国务院关于特大安全事故行政责任追究的规定》（中华人民共和国国务院令第302号）	2001 年	地方人民政府主要领导人和政府有关部门正职负责人对特大安全事故的防范、发生，领导人有失职、渎职或负有领导责任的，给予行政处分；构成玩忽职守罪或其他罪的，依法追究刑事责任；四不放过原则，严肃追究特大生产安全事故的行政责任
《中华人民共和国安全生产法》	2002 年（2014 年修订）	国家实行生产安全事故责任追究制度，追究生产安全事故责任人员的法律责任
《生产安全事故责任追究制度》	2004 年	区分生产安全事故中的刑事责任和行政责任
安全生产目标考核制度	2004 年	国务院安全生产委员会通过向各省（区、市）人民政府下达生产事故结果控制指标，通过目标考核的形式首次将生产安全事故控制列入对地方政府政绩考核的重要内容
《生产安全事故报告和调查处理条例》（中华人民共和国国务院令第493号）	2007 年	根据生产安全事故造成的人员伤亡或者直接经济损失，将事故划分为特别重大事故、重大事故、较大事故和一般事故
中共中央办公厅、国务院办公厅印发《关于实行党政领导干部问责的暂行规定》的通知	2009 年	明确对有因工作失职造成特别重大生产安全事故发生或连续发生重大事故的党政领导干部实行问责
《国务院办公厅关于印发省级政府安全生产工作考核办法的通知》	2016 年	规定从"健全责任体系、推进依法治理、完善体制机制、加强安全预防、强化基础建设、防范遏制事故"等方面对省级政府的安全生产工作进行评分和评级

在压力型问责阶段，2004 年国务院安全生产委员会开始向各省（区、市）人民政府下达生产安全事故结果控制指标，以此来对地方政府年度安全生产状况进行定量目标考核，成为安全生产问责制度体系中最为浓墨重彩的一笔。面对中央下达的安全生产控制指标，各省（区、市）政府一方面通过将控制指标向更低层级政府层层分解、层层问责，从而确保达到中央政府控制指标要求；另一方面，陆续出台"一票否决"制度，把安全生产工作纳入政府目标管理和干部政绩考核之中。通过上级政府确立年度目标、自上而下层层签订责任状、目标定量考核与结果应用等步骤，将安全生产治理工作纳入地方政府政绩考核体系，其与干部人事制度的相互耦合促使地方政府重新考量经济增长与社会稳定之间的权衡关系，从而实现了中央政府与地方政府在安全生产治理上的激励相容。安全生产目标考核制度的治理效果如何？目标考核制度产生治理效果的作用机制何在？相关问题值得学术界进一步的关注。

（三）评价困境：以结果指标为导向的安全生产目标考核制度治理效果面临评价困境

强力问责下，近年来，我国安全生产状况总体上趋于好转。统计资料显示，相较于 2002 年，2011 年全国生产安全事故总量从一年发生 100多万起减少到 35 万起，呈现出显著下降的趋势；亿元 GDP 事故死亡率从1.33 下降到 0.173，生产安全事故总量、较大事故、重大事故、特别重大事故等反映安全生产水平的主要相对指标再次出现"五个明显下降"。[①]2015 年，事故起数、死亡人数同比分别下降 7.9%、2.8%，煤矿事故起数和死亡人数同比分别下降 32.3%、36.8%，部分行业领域事故均实现"双下降"。[②]

然而另一方面，近年来伤亡人数、事故起数虽然从数据上看有所减少，但重特大事故频发且危害严重、影响恶劣。2015 年，21 个省份共发

---

① 人民网：《十年，从安全生产到安全发展》，2012 年 10 月 24 日，https：//www.china-safety.org.cn/caws/Contents/Channel_20232/2012/1024/186861/content_186861.htm，2017 年 9月 1 日。

② 人民网：《坚持改革创新，强化依法治理，全力遏制重特大事故多发的势头》，2016 年 1月 15 日，http：//politics.people.com.cn/n1/2016/0115/c1001 - 28055024.html，2017 年 8 月 22日。

生了 38 起重特大事故，平均 10 天一起，有 13 个省份重特大事故起数或死亡人数同比上升。[①] 其中，天津港"8·12"特大火灾爆炸事故、深圳光明新区"12·20"滑坡事故、江西"11·24"丰城电厂冷却塔坍塌事故等带来了重大的人员伤亡和财产损失，极大冲击了广大人民群众的安全感。重特大事故在生产安全事故中造成的伤亡更为惨重，我国安全生产治理形势依然相当严峻。

若仅关注安全生产"目标考核"这一制度输入和安全生产"治理效果"这一输出，单纯对事故伤亡人数、事故起数等结果指标的测量不足以解释安全生产治理效果的评价困境，迫切需要学术界和实践者跳出就事故结果指标谈制度治理效果的已有评价模式，转而关注地方政府在目标考核制度下的治理行为，从新的视角对目标考核制度的治理效果做出回应。

二 问题的提出

基于事故结果指标控制的目标考核制度被认为是破解安全生产治理困境、提升安全生产治理效果的一剂良药，然而当前安全生产状况面临着官方统计数据一片利好、同时重特大事故依旧频繁发生的境地，安全生产目标考核制度的治理效果亟待学术界的有力回应。更进一步地，目标考核制度产生治理效果的中间过程和作用机制是改善安全生产状况的着力点，相关研究有待进一步充实和完善。

基于此，本书试图对以下问题做出回应：首先，基于公共选择理论、委托—代理理论等构建模型，讨论安全生产目标考核制度出台前后的不同激励水平如何影响地方政府和官员的安全生产治理行为？由此如何影响地方政府安全生产治理效果？其次，运用中国省级面板数据，检验安全生产目标考核制度的治理效果究竟如何？此部分内容即对"目标考核—治理效果"逻辑链条的检验；最后，进一步聚焦地方政府安全生产治理行为，将地方政府治理行为作为目标考核制度与治理效果关系的中介

---

① 人民网：《坚持改革创新，强化依法治理，全力遏制重特大事故多发的势头》，2016 年 1 月 15 日，http://politics.people.com.cn/n1/2016/0115/c1001 – 28055024.html，2017 年 8 月 22 日。

变量，探析目标考核制度对安全生产治理效果的影响机制，此部分内容立足于目标考核制度产生效果的中间作用过程，是对"目标考核—治理行为—治理效果"逻辑链条的检验。

对以上问题的关注既有重要的理论价值，又极具现实意义，不仅能够为评价我国安全生产目标考核制度的实施效果提供新的分析视角，更重要地，有利于理顺"制度—行为—效果"逻辑链条，从制度与效果之间的中间变量和作用机制入手，提升地方政府安全生产治理能力，改善安全生产治理行为，进一步扩大安全生产治理成效。

三　研究意义

（一）理论价值

首先，拓展了晋升激励下地方政府和官员治理行为的研究场域。本书将目标考核制度的出台看作是一项晋升激励，关注地方政府安全生产治理行为这一中间变量，验证了目标考核制度如何影响治理行为进而安全生产治理效果。通过对目标考核制度下安全生产治理效果黑箱的理论解释，据此提出可资验证的实证研究假设，为晋升激励理论的研究提供了新的视角和场域。

其次，提出了地方政府安全生产治理行为的分析框架。本书通过地方政府所出台的有关安全生产治理的行政法规、地方政府规章和规范性文件来具体刻画其安全生产治理行为，在梳理包含有 1464 条公共政策的"中国地方政府安全生产治理地方性法规、规章及文件数据库"（2001—2012）的基础上，将地方政府治理承诺和治理政策作为剖析地方政府安全生产治理行为的核心维度和打开"目标考核—治理效果"作用黑箱的关键环节，并对上述变量在目标考核制度与治理效果之间的中介效应进行了检验。

再次，创新了安全生产目标考核制度治理效果研究的理论视角。已有研究通过对事故结果指标的分析评价安全生产治理效果，对结果指标的片面关注导致了安全生产治理效果的评价面临的困境。本书拟通过对"目标考核—治理行为—治理效果"逻辑链条的论证，为安全生产目标考核制度对治理效果的影响机制提供中层理论。

（二）实践意义

第一，本书对安全生产目标考核制度的实施效果及其中间机制进行了考察，并提供了基于大样本面板数据的实证证据。本书试图立足2004年以来我国安全生产目标考核制度的具体实践，试图通过对地方政府安全生产治理行为这一中间变量的分析，对安全生产目标考核制度的治理效果进行尝试性地评价。

第二，基于实证证据，本书为从制度输入、治理过程和绩效输出等层面出发进一步扩大安全生产治理效果提供了理论依据。一方面从具体实施方式、考核标准、指标设置等方面进一步优化目标考核制度，而这也是转型时期进一步完善地方政府政绩考核制度的重要环节；另一方面从过程控制的角度确保地方政府安全生产治理的持续投入，从而改变以往对于事故结果指标的狭隘关注，转而从投入、过程、产出、效益等各个层面全方位提升安全生产治理绩效。

第二节　核心概念界定

一　安全生产相关概念界定

安全（Safety）是指没有受到威胁、没有危险、危害、损失的状态。《中华人民共和国安全生产法》（2014年修订）确定了"安全第一、预防为主、综合治理"的安全生产管理基本方针以及包含"管生产必须管安全"在内的安全生产管理基本原则，从法律的角度阐明了"安全"与"生产"是一个有机的整体，应该将安全寓于生产之中，实现安全与生产的统一。基于此，安全生产（Safety Production&Workplace Safety）是指在生产经营活动中，采取事故预防和控制措施以避免造成人员伤害和财产损失的事故，确保生产过程在符合规定的条件下进行，以保证从业人员的人身安全与健康，设备和设施与环境免遭破坏，保证生产经营活动得以顺利进行的相关活动。由此，可以从两个维度理解安全生产的内涵：其一，安全生产是指确保企业在生产经营活动中不发生人员伤亡和财产损失的一系列措施或活动，其二，安全生产是一种状态，即在生产经营活动中保证员工的人身安全，保证企事业单位的财产安全，保证生产经济活动得以顺利进行。

事故（Accident）是指发生人身伤害、健康损害或死亡的事件。生产安全事故（Production Safety Accident）是指在企业生产经营活动中突然发生的、造成人身伤亡、设备实施损坏或者直接经济损失的，导致原生产经营活动暂时中止或永远终止的意外事件。生产安全事故主要包括工矿商贸事故、道路交通事故、火灾事故、铁路交通事故、水上交通事故、民航飞行事故、渔业船舶事故和农业机械事故等类别。

根据《生产安全事故报告和调查处理条例》（中华人民共和国国务院令第493号），以生产安全事故造成的人员伤亡或者直接经济损失为标准，事故一般分为特别重大事故（30人以上死亡，或者100人以上重伤，或者1亿元以上直接经济损失）、重大事故（10人以上30人以下死亡，或者50人以上100人以下重伤，或者5000万元以上1亿元以下直接经济损失）、较大事故（3人以上10人以下死亡，或者10人以上50人以下重伤，或者1000万元以上5000万元以下直接经济损失）和一般事故（3人以下死亡，或者10人以下重伤，或者1000万元以下直接经济损失）四种类型。

二 目标考核相关概念界定

目标考核（Target Evaluation）是指组织按照一定的指标或评价标准衡量员工完成目标的程度和执行工作标准的状况，根据衡量结果实施相应奖惩措施的考核办法[①]。启发于国际流行的"目标管理"（Management by Objective，MBO），结合我国行政管理体制的特点，目标考核制度也被称为目标管理责任制（Target Responsibility System，TRS）或目标责任制，是将工作目的和任务逐级逐项分解成具体的可量化的工作目标，同时明确相关个体在完成目标上的责任，并依据目标完成情况进行奖惩[②]。目标责任制于20世纪90年代在我国县级及以下政府开始实施，是地方政府绩

---

① 马青艳：《激励机制与民族自治地方政府效能研究》，博士学位论文，中央民族大学，2009年，第17页。

② 左才：《社会绩效、一票否决与官员晋升——来自中国城市的证据》，《公共管理与政策评论》2017年第3期。

效管理的典型方式①。其主要做法是，上级政府将总目标分解细化并沿行政层级层层下达，上下级政府之间签订基于目标任务的"责任书"或"责任状"，从而形成一整套目标和责任体系，目标完成情况则成为各级政府组织考核和奖惩的基本依据②。目标考核制度的运行过程包括目标确立、目标分解、目标进展监测、目标完成情况考核等四个阶段③，而对目标完成情况的考核实质上就是绩效评估④。

2004 年，围绕事故控制指标的安全生产目标考核制度（Safety Production Target Evaluation）确立，国务院安全生产委员会规定建立全国和分省（区、市）的安全生产控制指标体系，制订全国安全生产中长期发展规划，明确年度安全生产控制指标，对安全生产情况实行定量控制和考核。自此，目标管理责任制在安全生产领域开始正式实施，安全生产治理状况开始同地方政府政绩进而官员升迁相关联。实践中，安全生产目标考核制度并非仅聚焦于对事故控制指标的考核，而是一个包含事故控制指标确立、事故控制指标分解、目标完成情况考核及应用等多阶段的制度体系。

三 治理效果相关概念界定

英文中的治理（Governance）一词原意是控制、引导和操纵，20 世纪 90 年代以来，治理的内涵随着新公共管理改革的大潮而日益丰富。治理理论主要创始人之一罗西锚（James N. Rosenau）对"治理"和"统治"的区别进行了系统梳理，认为治理的内涵较统治而言更为丰富，不仅包括政府机制，同时包括非正式、非政府的机制⑤；治理理论的另一位

---

① H. S. Chan and J. Gao, Performance Measurement in Chinese Local Governments: Guest Editors' Introduction, *Chinese Law & Government*, Vol. 41, No. 2, 2008, pp. 4–9.

② 周志忍：《公共组织绩效评估：中国实践的回顾与反思》，《兰州大学学报》（社会科学版）2007 年第 1 期。

③ 周志忍：《政府绩效评估中的公民参与：我国的实践历程与前景》，《中国行政管理》2008 年第 1 期。

④ 周志忍：《公共组织绩效评估：中国实践的回顾与反思》，《兰州大学学报》（社会科学版）2007 年第 1 期。

⑤ 于文超、高楠、龚强：《公众诉求、官员激励与地区环境治理》，《浙江社会科学》2014 年第 5 期。

代表人物罗兹（R. Rhodes）认为，治理包括作为国家的管理活动的治理、作为公司管理的治理、作为新公共管理的治理、作为善治的治理、作为社会控制体系的治理和作为自组织网络的治理六种定义。[①] 全球治理委员会（Commission on Global Governance）将治理界定为各种公共或私人的个人或机构管理其共同事务的诸多方式的总和。[②] 由此，可以看出治理作为一种公共管理活动和公共管理过程，包括必要的公共权威、管理规则、治理机制和治理方式。[③]

安全生产治理是一项牵涉主体众多、利益复杂多元的系统工程。《中华人民共和国安全生产法》（2014 年修订）明确规定"安全生产工作应当以人为本，坚持安全发展，坚持安全第一、预防为主、综合治理的方针，强化和落实生产经营单位的主体责任，建立生产经营单位负责、职工参与、政府监管、行业自律和社会监督的机制。"基于此，可对包含企业、政府、行业、社会在内的安全生产相关主体进行梳理，如图 1—2 所示，安全生产治理主体主要包括企业、政府、行业和社会四类。其中，行业自律和社会监督通过信任、协商达成共识，本质上属于柔性治理；而企业负责与政府监管则涉及法律上责任义务的履行，属于刚性治理。企业承担安全生产的主体责任，政府承担安全生产监管主体责任。

从治理主体及其相应的治理责任出发，可对安全生产治理（Safety Production Governance）做出如下界定：即企业、政府、行业和社会等多方主体共同参与、以期维持生产经营活动的安全状态、防范和减少生产安全事故的一系列活动和过程。安全生产治理的特点在于以下三个层面：第一，多治理主体。企业是安全生产的主体，政府是安全生产的监管主体，单纯依靠企业、政府、行业、社会中的任一主体不能实现安全生产状况的长期改善；第二，多责任维度。不同治理主体所承担的安全生产

---

① 于文超、何勤英：《政治联系、环境政策实施与企业生产效率》，《中南财经政法大学学报》2014 年第 2 期。

② 于文超：《公众诉求、政府干预与环境治理效率——基于省级面板数据的实证分析》，《云南财经大学学报》2015 年第 5 期。

③ 俞可平：《论国家治理现代化》（修订版），社会科学文献出版社 2015 年版，第 17—58 页。

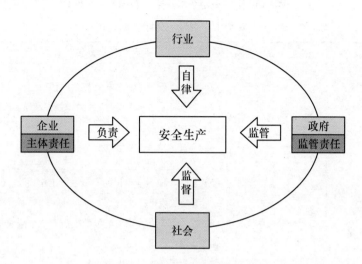

图1—2 安全生产治理的相关主体

治理职责迥异，其中，生产经营单位对本单位的安全生产活动负直接责任，政府通过出台制度等对企业的安全生产行为进行监督和管理，行业和社会则重在对安全生产进行监督；第三，共同的治理目标。不同主体安全生产治理的最终目标在于维持生产经营活动的安全状态，防范、减少生产安全事故。

　　表1—2梳理了《中华人民共和国安全生产法》（2014年修订）中关于安全生产相关责任主体及其职责的表述。基于此，可对安全生产治理企业和政府两大主体进行进一步的深入剖析，以明确各主体职责在安全生产治理中所处的维度，特别是对各级政府及其职能部门的监管责任进行厘清。相应分析试图解答的问题是：企业和政府在安全生产治理中各自的职责到底是什么？各级政府及其职能部门在安全生产治理中的职责维度是否存在区别？依照治理主体的不同，是否能够从逻辑上对安全生产治理的责任维度进行划分？在表1—2基础上，图1—3尝试性地对以上问题做出了初步回应。

表1—2　　　　《中华人民共和国安全生产法》（2014年修订）
关于安全生产责任主体职责的表述

法律条款	安全生产责任主体	安全生产责任表述
第一章第四、五、六条；第二章第十八条	生产经营单位	（1）建立、健全本单位安全生产责任制； （2）组织制定本单位安全生产规章制度和操作规程； （3）组织制定并实施本单位安全生产教育和培训计划； （4）保证本单位安全生产投入的有效实施；
第一章第四、五、六条；第二章第十八条	生产经营单位	（5）督促、检查本单位的安全生产工作，及时消除生产安全事故隐患； （6）组织制定并实施本单位的生产安全事故应急救援预案； （7）及时、如实报告生产安全事故。
第一章第八条；第四章第五十九条	国务院和县级以上地方各级人民政府	（1）国务院和县级以上地方各级人民政府根据国民经济和社会发展规划制定安全生产规划，并组织实施； （2）加强对安全生产工作的领导，支持、督促各有关部门依法履行安全生产监督管理职责，建立健全安全生产工作协调机制，及时协调、解决安全生产监督管理中存在的重大问题； （3）县级以上地方各级人民政府应当根据本行政区域内的安全生产状况，组织有关部门按照职责分工，对本行政区域内容易发生重大生产安全事故的生产经营单位进行严格检查。
第一章第九条；第四章第五十九条	国务院安全生产监督管理部门和县级以上地方各级人民政府安全生产监督管理部门	（1）国务院安全生产监督管理部门依照本法，对全国安全生产工作实施综合监督管理；县级以上地方各级人民政府安全生产监督管理部门依照本法，对本行政区域内安全生产工作实施综合监督管理； （2）安全生产监督管理部门应当按照分类分级监督管理的要求，制定安全生产年度监督检查计划，并按照年度监督检查计划进行监督检查，发现事故隐患，应当及时处理。

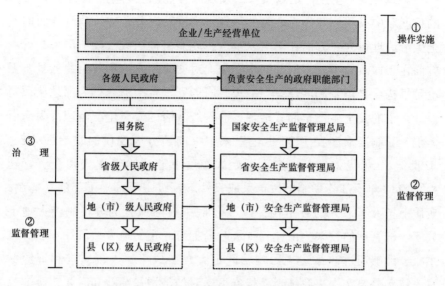

图1—3　安全生产治理主体责任维度划分

　　企业作为直接从事生产经营的治理主体，负责安全生产的具体操作与实施，操作实施是安全生产治理责任维度的第一层次；主管安全生产的各级政府职能部门全面负责对辖区内生产经营单位安全生产的监督与管理。其中，各级安全生产监督管理局作为负责本地安全生产工作的主要政府职能部门，承担辖区内安全生产综合监督管理责任，按照分级、属地原则，依法行使综合监督管理职权，监督管理是安全生产治理责任维度的第二层次；此外，安全生产作为中央政府和地方政府重点治理领域之一，各级人民政府要对辖区内安全生产状况负责，具体就干部人事安排而言，各级政府行政一把手是安全生产的第一责任人，对辖区安全主产工作负全面责任；同时，设置分管安全生产工作副职领导，在行政首长的领导下，负责全省劳动保护、安全生产工作。在"属地管理、分级监管"的原则下，县（区、市）级政府和地（市）级政府在中央和省级政府的领导下，具体承担对辖区内生产经营单位的安全生产监督管理责任，而中央政府和省级政府更多的是通过对经济社会发展大政方针的把控，从政策制定和发展战略上对安全生产工作进行宏观把控，这属于安全生产治理责任维度的第三层次。

　　回顾我国安全生产治理实践，发现同样能从安全生产治理责任维度的角度对中央政府和省级政府的治理行为进行区分。中央政府层面的安全生产治理行为一方面在于对安全生产职能机构的数次改革重组，另一方面在于在政绩考核、干部问责中加大对安全生产治理效果的考量。无论是机构设置还是制度建设，中央政府的安全生产治理行为都是从顶层设计入手的安全生产全局式治理；而省级政府的安全生产治理行为何以体现？其制度根源在于 20 世纪以来中央向地方大规模的政治性分权。20 世纪 80 年代中期起，中央开始大幅度下放政治管理权和经济管理权，1984 年干部管理制度改革采取只管下一级主要领导干部的新体制，实质上扩大了地方的自主权；1993 年底中央与地方的分税制极大地下放了经济管理的权限。由此，省级政府拥有一定的地方经济社会发展自主权，能够通过政策法规影响辖区重大发展战略、人事安排和资源配置，特别是要在中央政绩考核标准下，对经济增长绩效和需要让渡部分经济增长绩效的安全生产治理、节能减排治理等进行战略上的权衡，而这也是省级政府区别于其他较低层级地方政府安全生产责任维度的根本不同。

　　效果（Effectiveness）是政府绩效的核心要素之一，用来衡量提供服务的影响和质量，看服务是否达到预期目的，情况是否得到改善，因而关注目标与结果。安全生产治理效果（The Governance Effect of Safety Production）是指各方主体在防范、减少生产安全事故、改善安全生产状况方面所取得的成效，当前对安全生产治理效果的测量主要基于对生产安全事故结果这一逆向指标的统计。2004 年，国务院安全生产委员会确定由工矿商贸事故死亡人数、煤矿事故死亡人数和百万吨煤死亡率为考核指标，亿元 GDP 死亡率、10 万人死亡率和工矿企业 10 万人死亡率为备案指标的安全生产控制指标体系。此后，安全生产控制指标体系不断发展完善，形成了事故起数、事故死亡人数等"绝对指标"与事故死亡率等"相对指标"相结合的指标评价体系。同 GDP 增长率等"增长性指标"不同，安全生产治理效果指标是典型的"控制性指标"。

　　综合上述分析，表 1—3 对本书所涉及核心概念进行了梳理和汇总。

表1—3　　　　　　　　　　　　本书核心概念界定汇总

概念维度	相关概念	定义
安全生产	安全	没有受到威胁、没有危险、危害、损失的状态。
	安全生产	在生产经营活动中，采取事故预防和控制措施以避免造成人员伤害和财产损失的事故，确保生产过程在符合规定的条件下进行，以保证从业人员的人身安全与健康，设备和设施与环境免遭破坏，保证生产经营活动得以顺利进行的相关活动。
	事故	发生人身伤害、健康损害或死亡的事件。
目标考核	目标考核制度/目标（管理）责任制	目标考核是指组织按照一定的指标或评价标准衡量员工完成目标的程度和执行工作标准的状况，根据衡量结果实施相应奖惩措施的考核办法。目标考核制度也被称为目标管理责任制或目标责任制，是将工作目的和任务逐级逐项分解成具体的可量化的工作目标，同时明确相关个体在完成目标上的责任，并依据目标完成情况进行奖惩。
	安全生产目标考核制度	2004年，围绕安全生产控制指标的安全生产目标考核确立，规定建立全国和分省（区、市）的安全生产控制指标体系，制订全国安全生产中长期发展规划，明确年度安全生产控制指标，对安全生产情况实行定量控制和考核。安全生产目标考核制度是一个包含事故控制指标确立、事故控制指标分解、目标完成情况考核及应用等多阶段的制度体系。
治理效果	治理	各种公共的或私人的个人或机构管理其共同事务的诸多方式的总和。一种公共管理活动和公共管理过程，包括必要的公共权威、管理规则、治理机制和治理方式。
	安全生产治理	企业、政府、行业和社会等多方主体共同参与、以期维持生产经营的安全状态、防范和减少生产安全事故的一系列活动。
	安全生产治理效果	各方主体在防范、减少生产安全事故、改善安全生产状况方面所取得的成效，当前对安全生产治理效果的测量主要基于对生产安全事故结果指标的统计。

第三节 分析视角阐释

一 激励、激励机制与晋升激励

激励（Incentive）是管理学的核心概念之一，是指"个体为实现组织目标而付出高水平努力的意愿程度，而这种程度又是以某些需要得到满足为条件的"。[①]对激励的界定大多可被归为"手段"和"过程"两个路径。从激励的"手段"路径出发，可将激励界定为激发人的行为动机、调动人的积极性、从而促进和改变人的行为的手段；就激励的"过程"路径而言，激励是通过激发人的行为动机，促使其不断朝着期望的目标前进的动态过程。激励之所以成为一个"过程"，根源在于激励制度或激励机制的作用，从这个角度来看，激励的过程即通过建立激励制度或激励机制，以个人利益的实现和需要的满足为动力，从而引导员工的工作动机，激发个人产生有利于组织目标实现的积极行为。组织行为学认为激励之所以在解释人和组织行为的过程中至关重要，其根源在于人是有目的的生物。[②]

激励机制之所以建立，根源在于组织发展中普遍存在的委托—代理问题。由于委托人和代理人之间普遍存在着目标不一致、信息不对称、风险不对等的现象，二者的效用函数进而行动策略并不完全一致，此时，委托人不能准确识别代理人的努力程度，更无法判断代理人的努力程度如何影响组织绩效的变化，只有通过制度设计有效约束代理人行为，才能有效规避逆向选择、道德风险等机会主义行为。正是因为委托—代理问题不可避免，有效的激励机制不可或缺。激励机制的设计进而成为委托—代理理论的核心。在委托—代理视角下，激励的过程即委托人引导并促进代理人产生有利于管理目标行为的过程，激励机制的建立能够将组织的发展目标与个人的行为目标相关联，进而达到激励相容。

---

① ［美］安妮·玛丽·弗朗西斯科、巴里·艾伦·戈尔德：《国际组织行为学》，顾琴轩译，上海人民出版社2014年版，第113页。

② P. B. Clark and J. Q. Wilson, Incentive Systems: A Theory of Organizations, *Administrative Science Quarterly*, Vol. 6, No. 2, 1961, pp. 129 – 166. 冉冉：《"压力型体制"下的政治激励与地方环境治理》，《经济社会体制比较》2013年第3期。

晋升或升迁（Promotion）是指在组织内沿层级序次安排的管理职位上升。贝克（Baker）的研究表明晋升具有两大功能，其一在于实现人力资源的优化配置，做到人尽其才；其二在于晋升带来的货币收益与非货币收益的增加能够激发不同层级成员为了向上升迁而付出更多的努力，进而提升组织绩效①。由此可以看出，晋升之所以能够发挥激励作用，源自于晋升能够为组织成员带来各种货币收益和非货币收益，同时，组织成员晋升的依据在于个人出众的业绩，而组织成员个人的业绩往往会带来组织绩效的增加，由此，晋升能够将组织成员个人的利益所得外部化，促使组织成员能够在追求自身晋升的同时，带动组织绩效的提升。所谓晋升激励（Promotion Incentive），是指通过组织结构中的职位晋升来激励组织成员更加努力地工作，亦即组织中的个人在职位升迁的强烈意愿下所产生的有利于组织目标实现的个人行为。晋升激励是一种典型的内在激励和精神激励，同时也是一种预期激励。对晋升激励的界定还可以从晋升锦标赛这一概念入手。如同体育竞赛一般，锦标赛是指组织成员之间的相互竞争以其他参与者的表现作为参考，只有表现相对较优的竞争者才能在竞争中获胜并得到奖励。锦标赛的主要特征在于，其一，决定竞争胜负的是参赛人竞赛结果的相对位次而非绝对成绩；其二，在锦标赛中获胜的奖励在开始竞争时就已预先设定②。由此，若组织规定以提供晋升的方式来奖励锦标赛的获胜方，也就形成了晋升激励。

对晋升激励的相关研究将研究对象聚焦于企业高层管理者和政府官员。在私人部门，晋升激励是高管"在职消费"行为③、经营风险④、公

---

① 黄秋风、唐宁玉：《内在激励 VS 外在激励：如何激发个体的创新行为》，《上海交通大学学报》（哲学社会科学版）2016 年第 5 期。

② G. P. Baker, M. C. Jensen and K. J. Murphy, Compensation and Incentives: Practice vs. Theory, *Journal of Finance*, Vol. 43, No. 3, 1988, pp. 593 - 616.

③ X. Li and G. W. Chan, Who Pollutes? Ownership Type and Environmental Performance of Chinese Firms, *Journal of Contemporary China*, Vol. 25, No. 98, 2015, pp. 1 - 16.

④ J. Wei, P. Cheng and L. Zhou, The Effectiveness of Chinese Regulations on Occupational Health and Safety: A Case Study on China's Coal Mine Industry, *Journal of Contemporary China*, Vol. 25, No. 102, 2016, pp. 1 - 15.

司治理绩效[1]等的重要解释变量。在政府等公共部门，晋升激励同样是重要的激励手段之一。在我国干部人事制度下，晋升激励（Promotion Incentive）是指各级官员通过有效执行上级政府政策所换取的政治层面的奖励[2]、亦即职位的升迁，晋升激励是激发地方官员政策执行动力、激励地方政府有效治理的有效途径。在政府绩效管理视阈下，官员晋升激励是绩效评估主体将评估结果应用于政府官员职务晋升决策的一种激励行为。[3] 晋升激励能够将关心仕途的官员置于强力激励之下[4]，促使地方官员将上级政府确定的绩效评估对象列为优先事宜，从而增强其对绩效结果负责的压力。[5]

二 安全生产目标考核：一项负向晋升激励

依据激励的存在形态，激励可划分为外在激励（也称为物质激励或实物激励）和内在激励（即精神激励或非实物激励）两种。外在激励和内在激励均能够激发个人行为，进而影响组织绩效[6]。正向激励是指通过褒扬、嘉奖等方式对人的行为进行正面强化；负向激励则是通过处罚、惩戒等对人的行为进行负面强化，以杜绝某类行为的发生。基于此，可以从理论上推断，晋升激励同样包括正向和负向两种形式。正向晋升激励是指某领域工作做得越好，越有利于晋升，是一种正面强化。围绕GDP 增长率的晋升锦标赛是一种典型的正向晋升激励。已有研究表明，为了能够在晋升竞争中脱颖而出，地方官员会不遗余力地提升辖区经济

① J. R. Kale, E. Reis and A. Venkateswaran, Rank-Order Tournaments and Incentive Alignment: The Effect on Firm Performance, *Journal of Finance*, Vol. 64, No. 3, 2009, pp. 1479 – 1512.

② 冉冉：《"压力型体制"下的政治激励与地方环境治理》，《经济社会体制比较》2013 年第 3 期。

③ 卓越、张红春：《绩效激励对评估对象绩效信息使用的影响》，《公共行政评论》2016 年第 2 期。

④ 唐志军、谢沛善：《试论激励和约束地方政府官员的制度安排》，《首都师范大学学报》（社会科学版）2010 年第 2 期。

⑤ 卓越、张红春：《绩效激励对评估对象绩效信息使用的影响》，《公共行政评论》2016 年第 2 期。

⑥ 黄秋风、唐宁玉：《内在激励 VS 外在激励：如何激发个体的创新行为》，《上海交通大学学报》（哲学社会科学版）2016 年第 5 期。

增长水平①，这一理论为中国经济增长奇迹提供了初步解释，由此，对地方经济发展水平的衡量构成了政府绩效评价中名副其实的"硬指标"。负向晋升激励是指若某领域工作没有达到上级政府规定的预期标准或表现糟糕，则不利于官员晋升，甚至会被处分或降职。"一票否决"指标提高了考核体系中个别指标的权重使之在考评过程中具有决定性作用，因此成为最为严厉和典型的负向晋升激励表现形式。通过对中央层面明确规定实行的"一票否决"事项进行梳理，发现在正式文件中有据可循的"一票否决"事项包括计划生育、社会治安综合治理、减轻农民负担、环境保护及节能减排和食品安全五项，见表1—4。强力的负向晋升激励促使地方官员在大力促进辖区经济增长的同时要特别关注社会稳定、百姓民生、环境保护等领域的治理效果。

我国政绩考核体系和人事管理制度的实践对正负向晋升激励进行了生动的呈现与刻画。在长期以来"以经济建设为中心"发展战略的指引下，地方官员能否晋升取决于辖区GDP增长率，此时，辖区经济增长绩效越高，官员晋升概率越大，因而GDP是一种典型的正向官员晋升激励。而随着2005年科学发展观的提出，政绩观与考核观随之改变。中央在评价地方政府绩效时，不再单纯考虑GDP的增长情况，而是增加了环境保护、安全生产等领域在政绩中的权重。

在安全生产领域，2004年基于事故结果控制指标的安全生产目标考核制度出台，首次将生产安全事故控制列入对地方政府政绩考核的重要内容。与上述五项中央层面确立的"一票否决"事项不同的是，安全生产领域的"一票否决"首先由地方政府出台并在省际间逐渐扩散，其初衷是为了达到中央和上级政府严厉的安全生产目标考核任务要求。不同于基于GDP增长率的正向晋升激励，安全生产是一项典型的负向晋升激励。实践中，地方官员不会因为安全生产治理效果好而得到晋升，而若治理效果差，表现为未完成目标考核任务或发生重特大生产安全事故，则不会得到晋升或面临处分、甚至降职的风险。

① Li H, Zhou L. A., Political Turnover and Economic Performance: the Incentive Role of Personnel Control in China, *Journal of Public Economics*, Vol. 89, No. 9–10, 2005, pp. 1743–1762.

表1—4   中央层面出台的"一票否决"事项

一票否决事项	时间	标志性文件或事件	相关内容和表述
计划生育	1982 年 9 月	党的十二大提出实行计划生育是我国的一项基本国策	湖南省常德市率先实行"计划生育一票否决",并取得显著成效。随后,"计划生育一票否决"在全国逐渐推行开来
	2007 年 1 月	《中共中央国务院关于全面加强人口和计划生育工作统筹解决人口问题的决定》	对地方政府继续实行"计划生育一票否决"绩效考核制度
社会治安综合治理	1992 年 1 月	《关于实行社会治安综合治理一票否决权制的规定》	由中央层面做出的关于"一票否决"的唯一专门性文件,规定了制定依据、适用范围、基本原则、行权主体、基本要求、否决内容、制度衔接、否决情形、不予否决情形等等
减轻农民负担	2002 年 2 月	国务院办公厅《转发农业部等部门关于 2002 年减轻农民负担工作意见的通知》	全面实行违反减轻农民负担政策"一票否决"
环境保护和节能减排	2005 年 12 月	《国务院关于落实科学发展观、加强环境保护的决定》	对地方政府实行"环境保护一票否决"绩效考核制度
食品安全	2012 年 6 月	《国务院关于加强食品安全工作的决定》	首次明确将食品安全纳入地方政府年度绩效考核内容,并将考核结果作为地方领导班子和领导干部综合考核评价的重要内容

　　目标考核制度是我国地方政府绩效管理的典型形式,在我国干部人事管理制度下,地方政府绩效是中央政府选拔和任用省级官员的主要依据。随着安全生产目标考核制度的出台,地方政府绩效的内涵不再仅局

限于经济增长。晋升激励下，安全生产目标考核制度引导了地方政府与中央政策相一致的治理行为，即在促进辖区经济增长的同时必须大力预防安全生产事故的发生。由此，政府绩效管理制度和干部人事制度的相互耦合使得安全生产目标考核制度事实上成为一项重要的晋升激励。① 安全生产的负向晋升激励作用如图1—4所示。

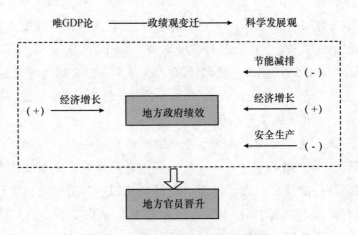

图1—4 安全生产的负向晋升激励作用

已有研究对正负向激励在纵向治理中的不同作用进行了界定。高翔的研究认为植根于政治晋升锦标赛的经济增长水平等激励型指标引导干部追求最优绩效，而目标责任制中的任务约束型指标则引导干部追求满意绩效。围绕GDP的晋升锦标赛将考评指标视作横向竞争的标杆，而目标责任制将目标是否达成作为关注重点②。郦水清区分了官员政治晋升存在着标尺赛、锦标赛、资格赛和淘汰赛四种模式，其中淘汰赛具有负激励属性，主要存在于中央的硬约束指标（如计划生

---

① Z. Wang, Who Gets Promoted and Why? Understanding Power and Persuasion in China's Cadre Evaluation System, *Social Science Electronic Publishing*, 2013. M. Edin, State Capacity and Local Agent Control in China: CCP Cadre Management from A Township Perspective, *China Quarterly*, Vol. 173, No. 173, 2003, pp. 35 –52.

② 高翔：《最优绩效、满意绩效与显著绩效：地方干部应对干部人事制度的行为策略》，《经济社会体制比较》2017年第3期。X. Gao, Promotion Prospects and Career Paths of Local Party-government Leaders in China, *Journal of Chinese Governance*, Vol. 2, No. 2, 2017, pp. 1 –12.

育和维稳）、地方的运动式任务（如拆迁和治水）以及突发和偶发性事件。①

总的来看，由单纯对 GDP 增长率这一正向晋升激励的考核到同时关注环境保护、安全生产等领域的负向晋升激励，体现了 2005 年科学发展观提出以来中央对政绩观、考核观的适时调整，这一调整推动了政绩考核和人事管理制度的变革，试图通过制度设计解决央地治理中普遍存在的信息不对称问题，确保在经济快速增长的同时不触及安全生产这一红线。从这个角度来看，正向晋升激励和负向晋升激励并非孤立存在，而是相互补充、相辅相成的，共同诠释了政府这一公共部门的发展目标；同时，负向晋升激励使得这一发展目标更为全面和可持续，是晋升激励制度体系中不可或缺的组成部分。

将正负向晋升激励相并列不可避免地带来了一个新的问题：对于晋升而言，GDP 增长率追求在合理区间内越高越好，而事故水平只要不超出预期标准即可，亦即遵循"目标完成即可"的底线思维，由此正负向晋升激励具体作用方式的差异是否会异化安全生产的激励作用？由于安全生产治理的系统性和长期性，加之事故致因的偶发性和不可预见性，地方政府无法通过控制治理行为进而操纵事故发生结果，而只能尽可能降低事故发生的可能性（即所谓"越低越好"）。加之中央政府目标考核标准的设定存在一定的"棘轮效应"，这致使地方政府完成目标的难度逐年上升。由此，地方官员不仅要规避重特大事故"一票否决"带来的问责压力，更重要的是要以常态化的安全生产治理保持高绩效，从而在围绕目标任务的地方政府绩效竞争中赢得主动。

三　晋升激励分析视角何以体现？

地方政府晋升激励嵌入于中国政治体制、特别是干部人事管理制度

①　郦水清、陈科霖、田传浩：《中国的地方官员何以晋升：激励与选择》，《甘肃行政学院学报》2017 年第 3 期。

大背景下，能够对地方经济发展①、财政支出②、具体政策实施效果③等治理行为做出强有力的解释。本书以晋升激励作为分析视角，可以从外部制度环境和内在特征属性两个维度来理解。第一，干部人事管理制度与政府绩效管理制度的耦合能够激励地方政府官员有效执行中央政策，安全生产目标考核制度将地方政府安全生产治理效果纳入到当地政绩评价体系之中，晋升激励能够对地方政府安全生产治理行为、进而安全生产治理效果产生影响，从而能够解释地方安全生产治理行为和治理效果的差异。因此，目标考核制度本质上就是晋升激励的一种具体实现形式；第二，省级官员个人特征不仅体现了官员的个人能力，在任期制和退休制下，官员个人特征同时能够表征其晋升预期进而影响晋升动机，"理性人"假设下，晋升预期决定了地方官员会在地方治理中付出多少努力进而产生怎样的治理效果，因而官员个人特征能够形成不同水平的晋升激励。图1—5呈现了晋升激励分析视角的确定逻辑及其分析维度。

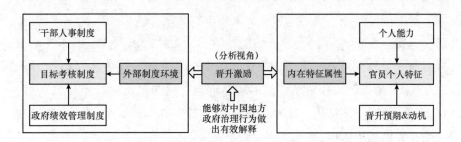

图1—5　晋升激励分析视角：外部制度环境和内在特征属性

综合上述分析，本书以安全生产目标考核制度的治理效果为研究对

①　G. Guo, China's Local Political Budget Cycles, *American Journal of Political Science*, Vol. 53, No. 3, 2009, pp. 621 – 632.

②　X. Lü and P. F. Landry, Show Me the Money: Interjurisdiction Political Competition and Fiscal Extraction in China, *American Political Science Association*, Vol. 108, No. 3, 2014, pp. 706 – 722.

③　J. Liang, Who Maximizes (or Satisfices) in Performance Management? An Empirical Study of the Effects of Motivation-Related Institutional Contexts on Energy Efficiency Policy in China, *Public Performance & Management Review*, Vol. 38, No. 2, 2014, pp. 284 – 315. J. Liang and L. Langbein, Performance Management, High-Powered Incentives, and Environmental Policies in China, *International Public Management Journal*, Vol. 18, No. 3, 2015, pp. 346 – 385.

象，晋升激励是贯穿整个研究过程的分析视角。在我国政治体制特别是
干部人事管理制度背景下，晋升激励是地方政府治理行为和中央政策效
果的重要解释变量。不同于基于 GDP 增长率的正向晋升激励，安全生产
是一项典型的负向晋升激励，是晋升激励制度体系中不可或缺的组成部
分。而政府绩效管理制度和干部人事制度的相互耦合使得安全生产目标
考核制度事实上成为一项重要的晋升激励，这从外部制度环境的角度体
现了本书晋升激励的分析视角。此外，本书晋升激励分析视角还体现在，
省级官员个人特征能够通过影响官员晋升预期和动机形成不同水平的晋
升激励，因此在后文分析中考察官员特征对制度治理效果的影响。

第四节　研究边界廓清

对概念进行清晰界定是研究的起点。本章第二节和第三节对本书的
核心概念和分析视角进行了详细梳理，本节试图在正式研究开始之前对
如下问题进行回答：第一，为什么聚焦于省级地方政府的安全生产治理？
第二，安全生产"治理"从何体现？第三，为什么省长、而非其他层
级官员作为分析对象？第四，为什么是安全生产"治理效果"而非"治
理绩效"？第五，为什么是"治理效果研究"而非"治理效果评价"？对
以上问题的回应能够进一步廓清研究的边界，并对研究问题的合理性和
合法性提供初步依据。

第一，为什么聚焦于省级地方政府？

安全生产是一项牵涉企业、政府、公众和社会等多元主体在内的系
统工程，就政府这一责任主体而言，既包含各级人民政府，也包含专门
从事安全生产监督和管理的各级政府职能部门，各责任主体在安全生产
治理中分处不同的责任维度。本书第二节将安全生产责任维度划分为三
个层次，第一层次即企业负责安全生产的具体操作与实施；第二层次是
地（市）、县（区、市）级政府以及主管安全生产的各级政府职能部门，
全面负责对辖区内生产经营单位安全生产的监督与管理；第三层次则将
中央政府和省级政府与地（市）级、县（区、市）级政府的安全生产责
任相区分，同中央政府一致，省级地方政府更多的是从顶层设计入手对
经济社会发展大政方针进行宏观把控，从制定重大政策和发展战略等方

面对安全生产工作进行全局式治理。在行政分权背景下，省级政府拥有地方经济社会发展的自主权，能够通过政策法规影响辖区重大发展战略、人事安排和资源配置，特别是要在中央政绩考核标准下，能够在经济增长绩效和需要让渡部分经济增长绩效的安全生产治理、节能减排治理之间进行战略上的权衡。若要回应安全生产目标考核制度的治理效果、产生治理效果的作用机制以及提升治理效果等一系列问题，需要将分析对象聚焦于肩负安全生产治理责任的省级政府，而另一方面，省级安全生产治理和官员数据公开可得，能够兼顾横截面和时间序列特征，为研究开展提供了可行性。为分析之便，除特别说明外，本书后文所提地方政府均指省级地方政府。

第二，安全生产"治理"从何体现？

本书之所以聚焦于安全生产"治理"，主要原因在于：其一，区别于其他地方政府层级的安全生产监管责任，本书关注省级政府在安全生产中的行为和效果，省级政府能够通过制定规划、确立目标、出台政策、做出承诺等方式决定辖区经济社会发展方向，从顶层设计入手对辖区安全生产工作进行全局式治理；其二，省级政府的安全生产治理行为在同辖区企业、社会公众等其他治理主体的互动关系中形成①，体现了安全生产治理的多主体合作共治特征；其三，安全生产并非仅仅局限于事故结果指标的控制，而是一项需要长期技术、理念等持续投入的系统工程，本书落脚于安全生产治理，致力于在经验证据的基础上推动从单纯事故结果控制到安全生产绩效治理的转变，而这是长久维持安全生产持续向好状态的必由之路。

第三，为什么以省长、而非其他层级官员作为分析对象？

通过对国务院发布的重特大事故调查报告的分析，发现现实实践中因事故被问责的通常是主管安全生产的副市长、副区长、副县长，特大事故会问责到副省长，但很少会对省长直接问责，表1—5列举了几起事故的行政问责结果。基于此，本书为什么以省级行政首长②作为分析对象？对这一问题的回答可以从两个方面入手，其一，现实实践中对副市

① 详细分析见本书第五章第二节。
② 还包括直辖市市长、自治区主席，以下简称为省级行政首长。

长、副区长、副县长的问责是否属于安全生产目标考核制度的范畴？其二，为什么以省长而非主管安全生产的副省长作为分析对象？

从要素环节来看，安全生产目标考核制度是一个包含目标设定、目标实现、目标考核、考核结果应用全过程的制度体系，考评结果纳入政绩评价体系又表明其是一种激励制度，但并非行政问责制度本身。现实实践中的行政问责往往针对重特大事故的发生而采取的事后处理手段，如2016年国务院《关于印发省级政府安全生产工作考核办法的通知》第九条规定"按照属地管理原则，强化重特大事故防控情况考核，严格实行'一票否决'制度，发生特别重大事故的按不合格评定。"又如地方层面，湖南省2004年出台的《湖南省人民政府关于进一步加强安全生产工作的决定》规定"对因工作不力，重特大事故多发突破指标的，按照《湖南省安全生产目标管理考核办法》实行'一票否决'。"因此，从制度内涵来看，目标考核制度侧重于对事故总量的控制，安全生产控制指标体系并无对重特大事故①的关注，而表1—5所示、围绕重特大事故发生情况的"一票否决"与对事故负责的主要领导人的行政问责重在对事故的事后问责，二者存在内涵上的本质区别。

尽管"一票否决"和行政问责的出台有助于目标考核任务的完成，对重特大事故的行政问责也通常被视为安全生产目标考核制度的一个方面，但本书所聚焦的安全生产目标考核制度更加侧重于其激励作用而非问责功能，目标考核事项的初衷是在官员晋升激励下增强安全生产在地方政府众多治理事务、特别是经济增长中的重要性，加大安全生产在地方政府政绩考核中的比重，而这体现了地方政府的政绩观念和发展理念，特别是以地方行政首长为核心的领导班子的治理思路，这就回到了对上文所提第一个问题的回答。由于安全生产治理需要地方政府通过制定和落实安全生产规划、强制淘汰落后产能、加快产业重组步伐，更加注重地区经济发展方式的转变，同时需要地方政府从财政支出的角度加大安全专项投入，不仅事关地方发展战略，而且牵涉区域内资源配置和人事安排，这一重大决策需要省委常委会和省政府常委会集体决定，而省长

---

① 对安全生产控制指标的详细论述，详见本书第四章第一节。

表1—5   几起重特大事故的行政问责结果

事故时间	事故	事故处理结果（节选）
2005 年 11 月 27 日	黑龙江七台河东风煤矿 "11·27" 特别重大煤尘爆炸事故	刘海生，黑龙江省副省长、省政府党组成员，对事故的发生负有领导责任。给予行政记过处分。责成黑龙江省人民政府向国务院作出深刻检查
2010 年 3 月 31 日	河南省伊川县国民煤业公司 "3·31" 特别重大煤与瓦斯突出事故	责成河南省人民政府向国务院作出深刻检查
2013 年 3 月 29 日	吉林省吉煤集团通化矿业集团公司八宝煤业公司 "3·29" 特别重大瓦斯爆炸事故	谷春立，吉林省人民政府党组成员，副省长，分管全省安全生产工作。组织贯彻执行国家有关安全生产法律法规不到位，对省属相关职能部门及下级人民政府履行职责的情况督促检查不到位。对事故的发生负有重要领导责任，建议给予记过处分。建议责成吉林省人民政府向国务院作出深刻检查
2013 年 6 月 3 日	吉林省长春市宝源丰禽业有限公司 "6·3" 特别重大火灾爆炸事故	黄关春，吉林省人民政府副省长兼省公安厅厅长。贯彻落实国家消防法律法规、政策规定和工作部署要求不到位；指导督促吉林省公安消防机构开展消防监督管理工作不到位；对公安消防机构不认真依法履行职责、基层干警失职渎职等情况失察。对事故发生负有重要领导责任，建议给予记大过处分
2014 年 8 月 2 日	江苏省苏州昆山市中荣金属制品有限公司 "8·2" 特别重大爆炸事故	史和平，江苏省政府党组成员。贯彻落实国家安全生产法律法规不到位，对苏州市、昆山市及江苏省安全监管部门等履行安全生产监督管理不到位的问题失察。对事故发生负有重要领导责任，建议给予记过处分。建议对江苏省人民政府予以通报批评，并责成其向国务院作出深刻检查

作为省级政府行政首长，能够最大限度地发挥一把手效应，全面负责全省上下各项工作，通过对区域内资源配置、人事安排等施加影响，间接

作用于安全生产治理效果。① 因此，本书以省长而非地（市）、县（区、市）级行政首长作为分析对象。

第四，为什么是治理效果而非治理绩效？

"效果"作为政府绩效的核心要素，主要关注目标和结果，安全生产控制指标主要统计事故死亡人数、死亡率、事故起数等，是一种典型的对于治理效果的测度；作为更高层次的概念，"绩效"的内涵结构经历了由 3E 到 4E 的变迁，"效果"是"绩效"的一个分析维度，本书之所以研究安全生产的"治理效果"而非"治理绩效"，根源在于现实实践中安全生产治理产出测度的单一化和"治理绩效"内涵的多样性之间尚存巨大的鸿沟，未来研究将聚焦于综合考察投入与产出的多元主体安全生产治理绩效毫无疑问，而眼下对安全生产治理效果进行研究，则是笔者从审慎角度出发对研究对象进行界定的结果。

第五，为什么是效果研究而非效果评价？

对于某项制度而言，"效果评价"是一个"是什么"的问题，试图通过科学的评价方法得到制度效果究竟怎样的实然证据，重点在于评价过程的规范科学；而"效果研究"则不仅仅停留在制度效果"是什么"的问题，更重要的是对"为什么"的追问，以探究制度产生效果的机制，剖析制度产生效果的内在逻辑，力求在规范的因果推断基础上得出制度效果"应该如何"的应然证据，从而为公共管理现实实践提供一定的借鉴意义。

第五节　研究设计

一　研究内容

本书的内容分为四个部分。内容（1）是整项研究的基础；内容（2）和（3）是研究的核心部分，内容（2）构建安全生产目标考核制度出台前后不同程度的晋升激励水平对地方政府安全生产治理努力及治理效果的影响模型，内容（3）基于模型结论对安全生产目标考核制度的实施效

---

① 姜雅婷、柴国荣：《目标考核、官员晋升激励与安全生产治理效果——基于中国省级面板数据的实证检验》，《公共管理学报》2017 年第 3 期。

果及其中间机制进行实证检验；内容（4）是应用对策研究，旨在基于实证分析结果提出适应我国公共管理情境的对策建议。研究内容及逻辑关系见图1—6。

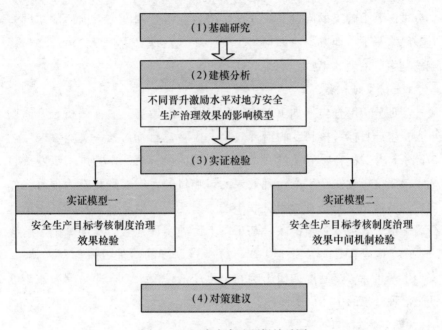

图1—6　研究内容及逻辑关系图

（一）基础研究

作为整项研究的发端，基础研究部分试图廓清研究的理论背景和实践背景，在此基础上提炼出研究问题。首先通过对研究现实场域的分析凸显研究问题的意义和价值，其次对相关理论和文献的梳理一方面为模型分析和实证检验提供理论依据，另一方面了解现有研究存在的不足，基于此，最终从研究内容和研究方法两个层面提出本书的研究思路。

（二）建模分析

安全生产目标考核制度的出台事实上提升了安全生产治理效果的晋升激励效应。建模分析部分试图基于"理性人"假设和中央政府和地方政府安全生产治理委托—代理关系，建立包含安全生产和经济增长两类活动的地方政府官员晋升效用模型并运用MATLAB软件进行数值模拟，着重考察在地方官员晋升效用最大化目标下，安全生产目标考核出台后不同程度的晋升激励作用如何影响地方政府安全治理努力程度进而治理效果如何变化，以此从理论模型出发对"目标考核—治理行为—治理效果"逻辑链条做一初探，从而为后文实证分析提供一定的理论基础。本部分试图着重解决的问题是：安全生产目标考核制度出台前后的不同晋升激励水平下，地方政府如何付出安全生产治理努力程度？由此如何影响安全生产治理效果？

（三）实证检验

实证分析部分包括如下两个阶段的检验：第一，实证分析晋升激励下安全生产目标考核制度的治理效果，检验"目标考核—实施效果"逻辑链条，并关注官员异质性对治理效果的影响；第二，为进一步发掘目标考核制度影响安全生产治理效果的影响机制，将地方政府治理行为作为目标考核制度与治理效果关联中的中介变量，检验"目标考核—治理行为—治理效果"逻辑链条。基于以上两项实证检验，本部分试图解决以下两个问题：其一，安全生产目标考核制度的治理效果如何？其二，安全生产目标考核制度如何影响安全生产治理效果？亦即目标考核制度产生治理效果的中间机制何在？

（四）对策建议

在实证检验结果的基础上，着重从制度输入、治理过程和绩效输出等层面提出基于中国公共管理情境的对策建议。在制度输入层面，考虑以事故结果指标控制为导向的安全生产目标考核制度的优化；在中间机制层面，考虑如何进一步加强对地方政府安全生产治理行为的测量和考评；最终试图解决的问题是，如何通过制度设计从安全生产治理过程控制出发实现安全生产治理领域全方位绩效提升。

二 研究方法

本书拟采用建模分析与实证检验相结合的研究方法。一方面，通过建模分析充实实证分析假设提出的理论依据，另一方面，运用省级面板数据对模型结论进行实证检验。另外，在目标考核制度治理效果的中间机制实证检验中，拟运用内容分析法对地方政府治理行为这一中介变量进行测量和操作化。

（一）建模分析

从委托—代理框架出发分析安全生产目标考核出台对地方政府安全生产治理努力及治理效果的影响，构建考虑晋升激励的地方官员晋升效用模型并运用 MATLAB 软件进行数值模拟，关注在晋升效用最大化目标下，安全生产目标考核制度出台前后不同程度的晋升激励水平如何影响地方政府安全生产治理努力程度，进而治理行为如何影响安全生产治理效果，以此从理论模型出发对"目标考核—治理行为—治理效果"逻辑链条做一初探，为实证分析假设的提出提供依据。

（二）实证分析

在模型结论基础上，结合已有理论和文献提出研究假设，基于中国省级面板数据，为安全生产目标考核制度的实施效果及中间机制提供实证证据。具体研究设计如下：

第一，样本选取。本书采用中国 30 个省级政府（不含香港、澳门和西藏）2001—2012 年间的面板数据，实证检验安全生产目标考核制度的实施效果及其中间机制。

第二，数据来源。本书所有数据均是公开可得的二手数据，官方统计资料具有较高的可信度。特别地，为了得到有关地方政府安全生产治理行为方面的数据，本书通过网络爬取和人工识别整理相结合的方式，构建"中国地方政府安全生产治理地方性法规、规章及文件数据库"（2001—2012）。本书所涉及主要变量的数据来源如表1—6 所示。

第三，估计模型。面板数据常用的估计策略有混合回归、固定效应和随机效应，本书试图通过 F 检验、LM 检验和 Hausman 检验确定效率最高的估计方法。另一方面，针对不同类型的被解释变量，选取最为适合的估计模型，如对于事故起数、注意力配置词频数等计数模型，在泊松回归和负二项回归中做出选择，对是否发生一次死亡 30 人以上的特大事故变量，则采用面板数据 Logit 回归进行分析。实证分析均使用 STA-TA14.0 统计分析软件完成。

表1—6 实证研究主要变量的数据来源

变量类型	变量类别/名称	数据来源
解释变量	安全生产目标考核制度出台	作者自行编码
	省级官员个人特征	人民网党政领导干部资料库
被解释变量	安全生产治理效果	《中国安全生产年鉴》 《中国煤炭工业年鉴》 国家及各省（区、市）安全生产监督管理局官方网站 《国民经济和社会发展统计公报》
中介变量	地方政府安全生产治理行为	各省历年《政府工作报告》 《中国安全生产年鉴》 国家及各省份安全生产监督管理局官网 全球法律法规网
控制变量	省份经济社会特征	《中国统计年鉴》 《中国财政年鉴》 《新中国 60 年统计资料》 中经网统计数据库

（三）内容分析

在目标考核制度治理效果中间机制的检验中，如何对地方政府的安全生产治理行为进行测量是研究中间机制需要首先解决的关键问题。本书拟运用内容分析法对地方政府治理行为这一中介变量进行测量。具体而言，通过对各省份各年度《政府工作报告》等官方治理承诺中针对安全生产领域治理措施的编码，来实现地方政府安全生产治理承诺这一变量的操作化；另外，为测量地方政府安全生产治理政策的相关变量，借鉴政策文献计量学和政策内容分析的思路，从政策外部属性和政策内在特征两个层面对地方政府安全生产治理行为进行具体操作化。

三　关键问题

（一）晋升激励下地方政府在安全生产领域的治理行为

在我国，追求经济与社会的长久发展构成了中央与地方政府的合法性来源，而中央与地方的分歧在于以何种方式发展、如何处理发展中存在的问题①。长期以来的 GDP 崇拜使得地方政府在安全生产治理中职责履行不到位，中央政府的信息劣势地位加剧了政府监管失灵，而面对追求 GDP 增长这一短期主义行为的恶果，晋升激励从制度层面实现了中央与地方的激励相容。由于安全生产目标考核制度的出台事实上提升了安全生产治理效果的晋升激励作用，本书首先构建模型分析安全生产目标考核出台后地方政府安全生产治理行为，将晋升激励作为打开安全生产目标考核制度与治理效果黑箱的关键逻辑，从委托—代理框架出发分析官员晋升激励对地方政府安全生产治理行为及治理效果的影响，构建考虑安全生产晋升激励的地方官员晋升效用模型，关注在晋升效用最大化目标下，安全生产不同程度的晋升激励作用如何影响地方政府安全生产治理行为进而如何影响安全生产治理效果。

（二）安全生产目标考核制度的治理效果

近年来，伴随着安全生产问责制度体系的不断完善特别是目标考核制度的出台，我国生产安全事故总量和事故死亡人数连续保持下降态势，但与此同时，重特大生产安全事故形势依然严峻。然而，安全生产目标考核制度与安全生产治理效果之间的因果关系尚未得到规范的实证检验。本书首先关注安全生产目标考核这一晋升激励能否改善安全生产治理效果，除关注目标考核制度的治理效果这一主效应外，还考察了官员异质性因素对安全生产目标考核制度实施效果的影响。

（三）安全生产目标考核制度影响治理效果的中间机制

已有研究着重关注制度输入和制度效果产出之间的关系，鲜有针对"制度—效果"中间变量和作用机制的研究。然而，对于安全生产而言，传统研究路径面临着如下问题：其一，安全生产目标考核制度的治理效果面临事故指标下降但民众安全感并没有上升的评价困境；其二，对事故结果指标的过度强调带来的数据造假等负面效应；其三，对结果的片面关注未考虑到安全生产治理的长期性和生产安全事故的突发性。归根到底，对以事故结果控制指标为核心的治理效果的片面强调忽视了安全生产治理绩效的产生过程（所谓"治理效果"与"治理绩效"的

---

① 容志：《中国央地政府间关系的国内外争论：研究范式与评估》，《中共浙江省委党校学报》2009 年第 3 期。

不同）。基于此，本书试图进一步探析目标考核制度出台这一晋升激励下，地方政府如何调整安全生产治理行为以改善安全生产治理效果，也就是说，通过地方政府治理行为这一中间变量厘清目标考核制度对治理效果的影响机制。其中，对于地方政府治理行为的测量、也就是如何分析政府的安全生产治理行为是研究目标考核制度与治理效果中间机制的重中之重。

（四）安全生产目标考核制度治理效果的改善策略

在建模分析和实证检验结论基础之上，本书将着重从制度输入、治理过程和绩效输出等层面提出基于我国公共管理情境的对策建议，就如何进一步扩大安全生产治理成效做出回应，从过程控制入手的制度效果改善策略能够对结果指标的评价困境做出进一步的解释，而这也是本书回归我国公共管理实践的意义所在。

四　技术路线

本书遵循"问题界定—理论模型—实证证据—研究结论"的研究脉络，研究思路和技术路线如图1—7所示。

首先，在实践背景基础之上提炼研究问题，并揭示课题的研究意义（第一章）；在文献计量分析的基础上，确定已有研究重点领域，对研究课题相关理论与已有文献进行回顾与总结，为后文模型建立及假设提出提供初步的依据。遵循先述后评的逻辑，对晋升激励、绩效管理和目标考核、安全生产考核与问责三方面的文献进行梳理，并对已有研究进行评述，以揭示现有研究的不足和拟进行的拓展，从研究内容和方法两个层面提出研究思路（第二章）。第一章和第二章构成基础研究的主要内容。

其次，基于已有理论构建安全生产目标考核出台对地方政府安全生产治理努力及治理效果的影响模型，以央地委托—代理理论为基本理论框架，试图回答目标考核出台前后不同激励水平如何影响安全生产治理努力及治理效果（第三章）。第三章构成建模分析的主要内容。

再次，在由模型推导出的结论的基础上，结合相关理论和文献，提出实证研究假设，运用2001—2012年中国省级政府的面板数据，首先考察安全生产目标考核制度对治理效果的影响，并控制官员个人特征的

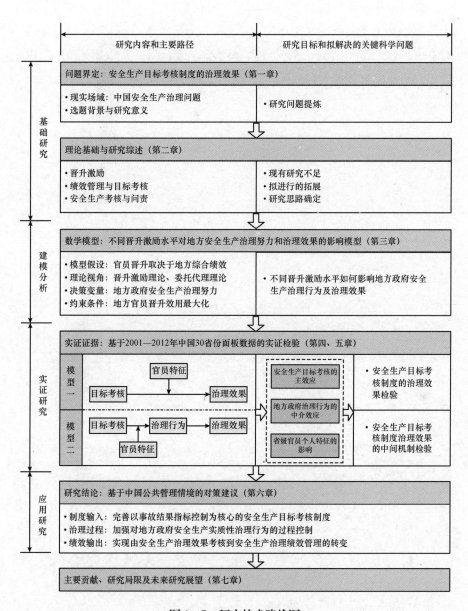

图1—7 研究技术路线图

作用（第四章），然后着重分析地方政府治理行为在目标考核制度与治理效果之间的中间作用机制（第五章）。第四章和第五章内容属于实证分析。

最后，在实证分析结果的基础上，对研究结论进行讨论，并提出基于我国公共管理实践的对策建议（第六章）。第六章对策建议。本书最后对本书主要工作和结论、主要贡献和创新进行总结，并指出研究的局限性和未来研究可能的方向（第七章）。

第 二 章

相关研究综述

本章将从三个方面对相关已有研究成果进行系统性的回溯：关于晋升激励的研究、关于绩效管理和目标考核的研究、关于安全生产考核与问责的研究。通过对已有研究的回溯，试图对现有研究的贡献和存在的不足做出评价，进而明确拟进行的研究拓展，进而更好地界定研究问题，厘清研究思路，以明晰研究的边际贡献。研究综述的框架结构如图 2—1 所示。

第一节　关于晋升激励的研究

我国特有的制度基础提供了地方政府相互之间开展竞争的制度环境，人事管理制度的变迁同时加剧了地方官员晋升竞争的激烈程度。改革开放后，包含地方官员经济治理能力在内的地方政绩成为中央选拔和任用省级地方官员的重要参照。而中央制定的政绩考核标准则被视为激励地方官员执行中央政策的重要工具，由此，晋升激励显著影响了地方政府和地方官员的治理行为。

一　晋升激励的制度基础

（一）省级地方政府竞争的制度根源

1978 年改革开放以来，中央政府一方面通过将财政和经济权力分配至地方政府，另一方面制定了相应的激励机制以激发地方政府发展辖

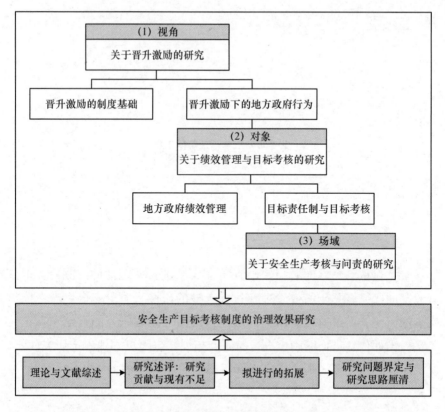

图 2—1 相关理论与文献综述框架体系

区经济的创造力和主动性,[①] 由此省级政府在地方经济发展中作用凸显。省级官员通过对辖区经济资源的调动决定了本省经济发展动向,同时对地区行政审批、土地征用等方面的影响力和控制力不断加深。在政府绩效管理和干部人事管理制度下,省级官员对地方经济社会发展状况,即地方政府政绩负责。[②] 此外,中国经济 M 型治理结构使得各省区政绩既能加以区分又能相互比较,这从制度上为地方政府晋升竞争提供了可能。

从我国人事管理制度的特征来看,一方面,我国行政体制呈现典型

---

① H. Jin, Y. Qian and B. R. Weingast, Regional Decentralization and Fiscal Incentives: Federalism, Chinese Style, *Journal of Public Economics*, Vol. 89, No. 9 – 10, 2005, pp. 1719 – 1742.

② Li H. , Zhou L. A. , Political Turnover and Economic Performance: the Incentive Role of Personnel Control in China, *Journal of Public Economics*, Vol. 89, No. 9 – 10, 2005, pp. 1743 – 1762.

的"金字塔"式层级特征,越向上晋升空间越狭小,逐级淘汰制下,进入下一轮的官员必须是上一轮晋升竞争的优胜者,[①] 由此,行政职位的层级特征形成了"僧多粥少"的尴尬局面。加之,"官本位"传统观念的影响根深蒂固,领导干部退出机制不健全,体制内劳动力市场呈现锁住效应,造成高层领导在政治生涯末期面临"能上不能下、能进不能出"的困境;[②] 而随着 1982 年领导干部终身制的破除,65 岁退休年龄带来了晋升的天花板效应,[③] 行政干部任职路径与年龄限制更是极大地强化了在任官员的主观晋升意愿,其与有限晋升空间的相对矛盾导致地方官员晋升竞争异常激烈。[④] 以上种种因素导致我国干部人事管理制度下地方官员面临着激烈的竞争,在中央政府政绩考核下,晋升得以成为重要的激励机制。[⑤]

(二) 政治晋升锦标赛理论的证实

在深入剖析我国干部人事制度等制度安排特征的基础上,周黎安等提出了官员政治晋升锦标赛理论[⑥],认为地方官员面临的晋升激励是中国经济增长奇迹的内在源泉。周 (Zhou) 基于 1979—1995 年 28 省份 254 位省级官员的职位变迁数据,在控制了年龄、学历、任期和中央关系等官员个人特征和省份经济社会特征后,对省级官员晋升可能性与辖区经济绩效的关系进行检验,研究发现省 (区、市) 经济绩效越高,官员晋升可能性越大,同时,任期内平均绩效与晋升的相关关系比年度经济绩效更显著,这项研究一方面证实了地方官员围绕 GDP 增长的晋升竞争确实

---

① 周黎安:《中国地方官员的晋升锦标赛模式研究》,《经济研究》2007 年第 7 期。

② Li H., Zhou L. A., Political Turnover and Economic Performance: the Incentive Role of Personnel Control in China, *Journal of Public Economics*, Vol. 89, No. 9 – 10, 2005, pp. 1743 – 1762.

③ C. W. Kou and W. H. Tsai, "Sprinting with Small Steps" Towards Promotion: Solutions for the Age Dilemma in the CCP Cadre Appointment System, *China Journal*, Vol. 71, No. 71, 2014, pp. 153 – 171.

④ 姜雅婷、柴国荣:《目标考核、官员晋升激励与安全生产治理效果——基于中国省级面板数据的实证检验》,《公共管理学报》2017 年第 3 期。

⑤ Li H., Zhou L. A., Political Turnover and Economic Performance: the Incentive Role of Personnel Control in China, *Journal of Public Economics*, Vol. 89, No. 9 – 10, 2005, pp. 1743 – 1762.

⑥ 周黎安:《中国地方官员的晋升锦标赛模式研究》,《经济研究》2007 年第 7 期。

存在，另一方面为地方官员努力促进辖区经济增长提供了有力解释。[1] 更进一步地，对28个省（区、市）1979—2002年间344位省级领导（187位省委书记，157位省长）晋升的研究发现相对绩效考核决定官员晋升，晋升与官员任期内GDP增长率正相关，与前任领导任期内GDP增长率负相关，与邻接省份的经济增长绩效关系并不显著。[2]

乔坤元、刘冲等对政治晋升锦标赛理论进行了进一步的验证。乔坤元将上下级政府分别看作委托人和代理人，运用道德风险模型为官员晋升锦标赛提供理论基础，采用1978—2010年省委书记的数据，研究发现晋升锦标赛的考核标准在于经济增长，具体地，经济增长正向影响官员的晋升概率，负向影响官员的去职概率。[3] 进一步地，使用1978—2010年省市两级面板数据，以GDP年增长率等潜在考核指标以及官员个人特征等作为解释变量，官员升迁作为被解释变量，研究发现经济增长正向影响官员晋升概率，负向影响离职概率，而教育和医疗等指标对官员升迁概率影响甚微，这说明我国的确存在以经济增长为核心的官员晋升锦标赛体制。[4] 以上研究者的贡献一方面在于为官员晋升锦标赛提供进一步的实证证据，另一方面还在于对相对绩效考核和动态晋升锦标赛进行了检验。由于地方官员绩效考核每年均要进行，且通常能够知晓上一阶段绩效排名，研究者从动态锦标赛的角度出发，基于市级官员1999—2011年的面板数据，实证检验GDP增长中期排名对当期GDP的影响，研究发现，中期排名越高，当期绩效越好。进一步地，发现前任官员的中期排名较现任官员排名对于当期绩效的影响更显著。[5]

尽管官员政治晋升锦标赛为中国的经济发展带来的强大动力，但晋升锦标赛是一把双刃剑，在强化激励和竞争的同时会带来一系列负效

① Li H., Zhou L. A., Political Turnover and Economic Performance: the Incentive Role of Personnel Control in China, *Journal of Public Economics*, Vol. 89, No. 9 – 10, 2005, pp. 1743 – 1762.

② Y. Chen, H. Li and L. -A. Zhou, Relative Performance Evaluation and the Turnover of Provincial Leaders in China, *Economics Letters*, Vol. 83, No. 3, 2005, pp. 421 – 425.

③ 乔坤元：《我国官员晋升锦标赛机制：理论与证据》，《经济科学》2013年第1期。

④ 乔坤元：《我国官员晋升锦标赛机制的再考察——来自省、市两级政府的证据》，《财经研究》2013年第4期。

⑤ 乔坤元、周黎安、刘冲：《中期排名、晋升激励与当期绩效：关于官员动态锦标赛的一项实证研究》，《经济学报》2014年第3期。

用。在同一行政级别若干官员的晋升博弈中，由于只有有限数目的官员可以获得晋升，且越向上升迁空间越小，此时一人晋升将降低另一人晋升机会，因而晋升竞争中的官员处于一种"零和博弈"中。由此，每位官员都会将对竞争对手有利的"溢出效应"看作是对自己不利的事情①，因此，晋升锦标赛可能引致地方官员经济合作失败导致的恶性竞争、重复建设、地方保护主义以及多任务下的激励扭曲等②，因此必须通过改变官员考核体制，由单一增长指标转变为综合指标体系进行治理转型③。

虽然受到了陶然等学者从逻辑和检验两个层面提出的质疑④，但作为特定经济社会发展时期的必然产物，围绕 GDP 增长进行的晋升锦标赛既是对改革开放以来"以经济建设为中心"大政方针的回应，也为解释 20 世纪以来我国经济增长奇迹找寻到了制度上的根源。部分学者提出较之于经济增长率，中央更看重地方政府的税收贡献而非经济绩效⑤⑥⑦。此外，以官员个人特征为显要表征的官员能力同样是影响晋升的重要因素⑧。

---

① 周黎安：《晋升博弈中政府官员的激励与合作——兼论我国地方保护主义和重复建设问题长期存在的原因》，《经济研究》2004 年第 6 期。

② 周黎安、陶婧：《官员晋升竞争与边界效应：以省区交界地带的经济发展为例》，《金融研究》2011 年第 3 期。

③ 周黎安：《中国地方官员的晋升锦标赛模式研究》，《经济研究》2007 年第 7 期。

④ F. Su, R. Tao, L. Xi and M. Li, Local Officials' Incentives and China's Economic Growth: Tournament Thesis Reexamined and Alternative Explanatory Framework, *China & World Economy*, Vol. 20, No. 4, 2012, pp. 1 – 18.

⑤ Z. Bo, Economic Performance and Political Mobility: Chinese Provincial Leaders, *Journal of Contemporary China*, Vol. 5, No. 12, 1996, pp. 135 – 154.

⑥ G. Gang, Retrospective Economic Accountability under Authoritarianism, *Political Research Quarterly*, Vol. 60, No. 3, 2007, pp. 378 – 390.

⑦ J. Liang, Who Maximizes (or Satisfices) in Performance Management? An Empirical Study of the Effects of Motivation-Related Institutional Contexts on Energy Efficiency Policy in China, *Public Performance & Management Review*, Vol. 38, No. 2, 2014, pp. 284 – 315.

⑧ 王贤彬、张莉、徐现祥：《辖区经济增长绩效与省长省委书记晋升》，《经济社会体制比较》2011 年第 1 期。

二 晋升激励下的地方政府和官员行为

在我国干部人事管理制度下，省级领导干部的选拔任用很大程度上取决于中央采取何种标准来考核人事[①]，而政绩考核的依据，主要取决于中央在特定发展阶段的大政方针与政策偏好。20 世纪 80 年代，中央人事考核标准转向包括经济绩效在内的地方政府政绩，围绕 GDP 增长率的地方官员政治晋升锦标赛由此被证实。在我国干部人事管理制度和政府绩效管理制度下，晋升激励显著影响了地方官员的治理行为[②]。

已有研究首先关注到官员晋升激励对地方经济增长和财政支出的影响。Xu 的研究表明，中国经济能够实现高速增长，其背后的原因在于目标管理制度[③]；而 Zhou 的系列研究则将晋升激励下地方政府之间基于 GDP 增长的竞争视作一种政治晋升锦标赛，并将其作为中国经济高速增长的源泉[④]。Guo 利用 1997—2002 年县级数据，实证检验官员任职年份和政府开支增长率之间的关系，发现官员任期内政府开支增长呈倒 U 形关系，而这背后的原因在于晋升激励。央地委托—代理机制下，由于信息不对称的存在，上级政府确定的激励结构与考核标准影响了地方官员行动，地方官员对于能见度高、可量化的政绩工程的支出成为其争取晋升的砝码[⑤]。艾森（Easton）的研究同样关注晋升激励下任期对地方政府治理行为的影响，研究发现在中国政治体制下，官员升迁的强激励导致短视、寻租等行为普遍存在，2010—2012 年对山西省 5 市 11 县田野调查的证据表明干部调任频繁缩短的任期对于中央政策实施效果具有负面影响，而延长官员任期和改变官员评价方式是未来有

---

① Z. Bo, Economic Performance and Political Mobility: Chinese Provincial Leaders, *Journal of Contemporary China*, Vol. 5, No. 12, 1996, pp. 135–154.

② Z. Wang, Who Gets Promoted and Why? Understanding Power and Persuasion in China's Cadre Evaluation System, *Social Science Electronic Publishing*, 2013.

③ X. Xu and Y. Gao, Growth Target Management and Regional Economic Growth, *Journal of the Asia Pacific Economy*, Vol. 20, No. 3, 2015, pp. 517–534.

④ Li H., Zhou L. A., Political Turnover and Economic Performance: the Incentive Role of Personnel Control in China, *Journal of Public Economics*, Vol. 89, No. 9–10, 2005, pp. 1743–1762.

⑤ G. Guo, China's Local Political Budget Cycles, *American Journal of Political Science*, Vol. 53, No. 3, 2009, pp. 621–632.

效推行中央政策的可行之道。干部轮转机制下，官员会选择短期的、在其任期区间内高度可见的工程项目，然而诸如环保这类收益长期可见、成本短期可见、效果难以清晰测量的治理任务则并非地方官员的治理重心所在①。

地方官员职业晋升前景的差异源自于官员自身特征的异质性。② 徐现祥、王贤彬等的研究表明晋升激励下，地方官员任期内经济增长轨迹呈现倒 U 形特征，这源自于职位适应、任期波动等因素影响任期内经济表现。具体地，随着官员年龄的增大，其晋升概率会随任期延长而下降，削弱了官员向上晋升的动力。③ 除任期之外，王贤彬的研究进一步聚焦于地方官员来源、去向、任期等异质性因素对于地方经济的影响，通过对1978—2005 年间省级官员与辖区经济增长绩效数据的实证分析，研究结果表明，不同类型的省长和省委书记所辖省份的经济增长绩效不尽相同，这一结论在控制时间和区域固定效应之后仍然成立。具体而言，省级官员任期和是否超过强制退休年龄对经济增长影响显著，官员年龄和受教育水平、来源和去向则没有显著影响，省长省委书记任期内经济增长绩效呈现先升后降的倒 U 形特征，即存在所谓的"最优任期"④。进一步地，运用 1978—2005 年的数据，王贤彬的研究发现地方官员对于政绩的追求是经济增长背后的制度原因，而在相同的政治竞争环境下，职业晋升前景越大的官员，越有动力推动本地区经济的增长，这一结论在 20 世纪 90 年代起至今最为显著。⑤ 以上研究成果是企业管理职业前景（Career

① S. Eaton and G. Kostka, Authoritarian Environmentalism Undermined? Local Leaders' Time Horizons and Environmental Policy Implementation, *The China Quarterly*, Vol. 218, No. 1, 2014, pp. 359 – 380.

② P. F. Landry and P. F. Landry, The Political Management of Mayors in Post-Deng China, *Copenhagen Journal of Asian Studies*, Vol. 17, No. 17, 2003, pp. 31 – 58.

③ 王贤彬、徐现祥：《中国地方官员经济增长轨迹及其机制研究》，《经济学家》2010 年第11 期。

④ 王贤彬、徐现祥：《地方官员来源、去向、任期与经济增长——来自中国省长省委书记的证据》，《管理世界》2008 年第 3 期。

⑤ 王贤彬、徐现祥：《地方官员晋升竞争与经济增长》，《经济科学》2010 年第 6 期。

Concerns）理论①在政治领域的典型应用。

上述研究聚焦于官员晋升激励对地方经济增长绩效的影响，除此之外，相关研究进一步关注到晋升激励下区域具体经济发展战略的选择。在中央政府围绕经济绩效考核地方官员的假设之下，徐现祥通过构建一个地方官员晋升博弈模型，研究表明为了达到政治晋升效用的最大化，地方官员既可能选择市场分割，也可能选择区域一体化，而这也为地方政府行为迥异提供了实证证据。进一步的研究表明，实施区域经济一体化会带来更快的经济增长，从而赢得更高的晋升几率。② Lu 利用 1999—2006 年《全国地（市）县财政统计资料》的数据，用每个市下辖县的数量测量县级官员晋升机会，用县本级税收加向上级政府缴纳的税收来测量县级财政收入，研究发现地（市）级行政单位的财政收入确实随着该市下辖县数量的增加而先增大后减小，而地方官员推动财政创收的动力，随晋升机会的增大而出现先加强后减弱的倒 U 形关系。③ 为推动本地经济增长，地方官员试图通过土地引资的方式以求在经济绩效为核心的晋升竞争中胜出，1999—2005 年省级面板数据的研究发现大量出让土地是政治激励下地方官员的理性选择。④

也有学者关注到具体某项改革或者政策实施效果如何受到官员晋升激励的影响。Zhu 以城市行政审批制度改革的扩散为对象，基于 1997—2012 年 281 个城市的数据，研究地方官员政治流动性与创新动态扩散之间的关系，运用事件史分析（EHA）和分段常数指数（PCE）模型，研究发现，市长和市委书记的年龄、任期和来源等对行政审批制度改革呈现出不同的影响。具体而言，由于市长比市委书记具有更大的晋升空间，因而更倾向于通过改革促进经济增长，这表现在市长年龄超过 55 岁更愿

---

① 徐现祥、李郇、王美今：《区域一体化、经济增长与政治晋升》，《经济学》（季刊）2007 年第 4 期。B. Holmstrom and P. Milgrom, The Firm as an Incentive System, *American Economic Review*, Vol. 84, No. 4, 1994, pp. 972 – 991.

② B. Holmstrom, Managerial Incentives Problems: A Dynamic Perspective, *Review of Economic Studies*, Vol. 66, No. 1, 1999, pp. 169 – 182.

③ X. Lü and P. F. Landry, Show Me the Money: Interjurisdiction Political Competition and Fiscal Extraction in China, *American Political Science Association*, Vol. 108, No. 3, 2014, pp. 706 – 722.

④ 张莉、王贤彬、徐现祥：《财政激励、晋升激励与地方官员的土地出让行为》，《中国工业经济》2011 年第 4 期。

意触动改革，而市委书记则会推迟改革；另外，市长的任期、来源与是否推动改革也存在显著关系，基于此，作者建立起晋升激励下官员政治流动与中国地方政府创新行为之间的理论联系。[①]

官员晋升对于地方治理的影响在环境保护领域形成了较为丰富的成果。Tang 基于省级面板数据固定效应和断点回归设计，研究发现"十一五"和"十二五"规划中的节能减排命令性指标体系（Mandatory Target System，MTS）有利于改善环境绩效，然而奖惩措施却不能解释环境绩效的提升[②]；Chen 则聚焦于地（市）级政府层面，通过对酸雨和二氧化硫"两控区"空气质量状况的实证检验，研究发现 2006 年出台的污染减排指标对二氧化硫减排具有显著影响[③]。Liang 的研究表明节能减排政策实施效果不尽相同，根源在于与官员激励相关的制度和组织情境。通过对2000—2006 年 29 个省份数据的实证检验，研究结果表明激励制度有利于提高节能减排绩效[④]。进一步地，着重检验中央高强度绩效激励对于环境保护政策实施效果的影响，通过对 31 个省份 2001—2010 年面板数据的实证分析，研究表明目标责任制下官员节能减排效果取决于减排目标特征和官员特征，被强制考核和公开可见的减排目标政策实施效果好，不同类别官员政策实施效果不尽相同，说明强力激励并没有普遍性的效果[⑤]。

已有关于晋升激励下地方政府和地方官员治理行为的研究日渐丰富。相关成果将晋升激励作为地方政府治理行为迥异的解释变量，对

① X. Zhu and Y. Zhang, Political Mobility and Dynamic Diffusion of Innovation: The Spread of Municipal Pro-Business Administrative Reform in China, *Journal of Public Administration Research & Theory*, No. 3, 2015, pp. 1 – 27.

② X. Tang, Z. Liu and H. Yi, Mandatory Targets and Environmental Performance: An Analysis Based on Regression Discontinuity Design, *Sustainability*, Vol. 8, No. 9, 2016, p. 913.

③ Y. J. Chen, P. Li and Y. Lu, Accountability, Career Incentives, and Pollution: The Case of Two Control Zones in China, Lee Kuan Yew School of Public Policy Research Paper, 2015, https://ssrn. com/abstract = 2703239 or http://dx. doi. org/10. 2139/ssrn. 2703239, 2017 年 9 月 24 日.

④ J. Liang, Who Maximizes (or Satisfices) in Performance Management? An Empirical Study of the Effects of Motivation-Related Institutional Contexts on Energy Efficiency Policy in China, *Public Performance & Management Review*, Vol. 38, No. 2, 2014, pp. 284 – 315.

⑤ J. Liang and L. Langbein, Performance Management, High-Powered Incentives, and Environmental Policies in China, *International Public Management Journal*, Vol. 18, No. 3, 2015, pp. 346 – 385.

地方经济发展水平[①]、经济发展战略[②]、创新扩散[③]和节能减排的政策效果[④]等进行了解释；在对晋升激励的测量上，大多关注于官员年龄、任期、来源等个人特征；就研究结论而言，已有研究普遍认为官员晋升激励是地方政府治理行为的重要解释变量，但其对治理行为的影响程度随官员受到激励的程度而变化，具体地，官员个人特征[⑤]、省份经济社会特征、具体研究场域等都能对二者之间关系影响程度的不同做出一定的解释。

综合以上分析，发现已有研究对以下方面做出了较为充实的解释：第一，从制度层面解释了我国省级地方政府之间晋升竞争激烈的原因；第二，基于经验证据证实了政治晋升锦标赛确实存在；第三，晋升激励对地方政府和地方官员行为的影响。已有成果的结论为进一步研究晋升激励下的地方政府治理行为提供了理论依据。

第二节　关于绩效管理和目标考核的研究

干部人事管理制度与政府绩效管理制度相结合，形成了中央选拔与任用地方官员的制度基础。实践层面，中国地方政府绩效管理从实施目

---

① G. Guo, China's Local Political Budget Cycles, *American Journal of Political Science*, Vol. 53, No. 3, 2009, pp. 621 – 632.

② X. Lü and P. F. Landry, Show Me the Money: Interjurisdiction Political Competition and Fiscal Extraction in China, *American Political Science Association*, Vol. 108, No. 3, 2014, pp. 706 – 722. B. Holmstrom, Managerial Incentives Problems: A Dynamic Perspective, *Review of Economic Studies*, Vol. 66, No. 1, 1999, pp. 169 – 182.

③ X. Zhu and Y. Zhang, Political Mobility and Dynamic Diffusion of Innovation: The Spread of Municipal Pro-Business Administrative Reform in China, *Journal of Public Administration Research & Theory*, No. 3, 2015, pp. 1 – 27.

④ J. Liang, Who Maximizes (or Satisfices) in Performance Management? An Empirical Study of the Effects of Motivation-Related Institutional Contexts on Energy Efficiency Policy in China, *Public Performance & Management Review*, Vol. 38, No. 2, 2014, pp. 284 – 315. J. Liang and L. Langbein, Performance Management, High-Powered Incentives, and Environmental Policies in China, *International Public Management Journal*, Vol. 18, No. 3, 2015, pp. 346 – 385.

⑤ N. Petrovsky, O. James and G. A. Boyne, New Leaders' Managerial Background and the Performance of Public Organizations: The Theory of Publicness Fit, *Journal of Public Administration Research and Theory*, Vol. 25, No. 1, 2015, pp. 217 – 236.

的到实现方式均呈现出与西方政府绩效管理相迥异的特征，以目标责任制为核心的地方政府绩效考核成为破解中央政策在地方层面执行困境的良方。

一　地方政府绩效管理

在西方国家，绩效测量在过去二十年间被看作是提升政府公共服务水平的技术工具，能够增强政府对公众需求的回应性，促进政府问责。以绩效管理为核心，政府改革的主要目标在于聚焦于创造一个顾客导向的、有效的和负责任的政府，绩效测量则是达到此目标的技术工具。来自 OECD 的一份报告指出绩效测量的目的在于为政府决策提供依据，最终提升政府公共服务提供水平的效率和效益。[①]

在西方国家，作为政府整体管理策略的组成部分，公共部门领导者利用绩效测量来达到评价、控制、预算、激励、推销、奖励、学习和提升八个目标。具体而言，（1）评价——政府部门的绩效如何？（2）控制——公共部门领导者如何确保其下属部门和机构做正确的事？（3）预算——政府应该将公共财政投资于什么项目？（4）激励——公共部门领导者如何激励基层公务员、中层管理者、营利和非营利的合作者、股东和公民，以使其各司其职致力于提升组织绩效？（5）推销——公共部门领导者如何使政治家、立法机构、股东、媒体和公民相信政府机构在产生好的绩效？（6）奖励——什么样的治理绩效值得奖励？（7）学习——为何有些政府工作能够产生绩效而有些不能？（8）提升——为提升绩效究竟该做些什么？[②] 基于以上目标，西方国家的绩效测量具有以下特征：第一，预期结果会提前以一种可量化的方式列出，亦即确定绩效计划和目标；第二，存在一些确保量化绩效目标实现的制度；第三，测量的目的在于评价结果的应用，因而存在针对测量绩效的反馈机制。[③]

---

① P. E. Oecd, Performance Management in Government: Performance Measurement and Results-oriented Management, Vol. 2, No. 16, 1994, pp. 322 – 323.

② R. D. Behn, Why Measure Performance? Different Purposes Require Different Measures, *Public Administration Review*, Vol. 63, No. 5, 2003, pp. 586 – 606.

③ G. Bevan and C. Hood, What's Measured is What Matters: Targets and Gaming in the English Public Health Care System, *Public Administration*, Vol. 84, No. 3, 2006, pp. 517 – 538.

在我国，绩效测量并非仅仅是一种提升组织绩效和效率的技术工具，政府绩效管理既具有技术理性，也具有政治理性[1]，其政治理性表现在绩效测量能够激励和引导地方官员与中央政府政策上的一致性。Hebere 的研究表明绩效评估作为一种多维度工具，不仅旨在监督官员，而且是不同层级间政府的沟通交流工具，通过规范官员行为产生激励。绩效评估下不同类型官员的政策回应不尽相同，具体而言，绩效评估为有志于晋升的干部提供了强有力的激励。[2] 我国地方政府绩效评估实践分为目标考核、领导干部考评和一票否决三类，而一票否决所规定的"硬指标"是追求晋升官员施政的重中之重，高强度激励影响了地方官员的治理行为，衍生出政策创新、实干和规避三种回应。[3] 更进一步的研究表明，以目标任务考核为核心的干部管理制度能够促使地方有效实施中央制订的经济社会发展政策。[4]

从我国政府管理实践来看，政绩考核是中央政府激励和引导地方政府与中央政策相一致的重要工具。改革开放后，围绕 GDP 增长的政绩考核有力回应了"以经济建设为中心"的大政方针，激励和引导了各级地方政府发展地区经济。而随着长期以来"GDP 崇拜"带来的生态环境恶化、资源约束逼仄等诸多矛盾与问题，突破围绕经济增长绩效的政绩考核模式的束缚，"绿色 GDP"等新的政绩观和考核观呼之欲出。2003 年，中央提出强调经济社会全面、协调、可持续的科学发展观，地方政府政绩考核标准开始由追求 GDP 增长向追求科学发展转变，其中最为突出的是加大节能减排和安全生产在政府绩效考核中的权重。2004 年，国务院向各省（区、市）下达生产事故结果控制指标，首次将生产安全水平纳

① Y. Jing, Y. Cui and D. Li, The Politics of Performance Measurement in China, *Policy & Society*, Vol. 34, No. 1, 2015, pp. 49 – 61. J. Gao, Political Rationality vs. Technical Rationality in China's Target-based Performance Measurement System: The Case of Social Stability Maintenance, *Policy & Society*, Vol. 34, No. 1, 2015, pp. 37 – 48.

② T. Heberer and R. Trappel, Evaluation Processes, Local Cadres' Behavior and Local Development Processes, *Journal of Contemporary China*, Vol. 22, No. 84, 2013, pp. 1048 – 1066.

③ T. Heberer and R. Trappel, Evaluation Processes, Local Cadres' Behavior and Local Development Processes, *Journal of Contemporary China*, Vol. 22, No. 84, 2013, pp. 1048 – 1066.

④ R. Bo. The Chinese Paradox of High Growth and Low Quality of Government: The Cadre Organization Meets Max Weber, *Governance*, Vol. 28, No. 4, 2015, pp. 533 – 548.

入地方政府政绩考核；2005 年，《国务院关于落实科学发展观、加强环境保护的决定》中明确规定对地方政府实行环境保护"一票否决"绩效考核制度。2013 年，中央组织部出台《关于改进地方党政领导班子和领导干部政绩考核工作的通知》，明确强调"不能简单以地区生产总值及增长率论英雄"。由此，传统以 GDP 为中心的政绩考核正逐渐向包含节能减排、安全生产、社会稳定等地区综合绩效转变，相应地，政绩观变迁下地方政府和地方官员的行为也发生了相应变化。

因此，不管是理论层面还是实践层面，地方政府绩效评估的导向作用能够激励和引导地方官员更为关注中央政府高度重视的工作，有利于确保央地政策的一致性，而考核结果则为评定地方官员政绩和官员流动提供了重要依据。

二　目标责任制与目标考核

20 世纪 80 年代中期，作为西方新公共管理浪潮下政府绩效管理理念在中国本土的典型实践，目标责任制（Target Responsibility System，TRS）开始在中国各级政府蔚然成风[1]，中央政府将诸如经济增长和政治稳定的宏观改革目标转化为具体的政策目标，并将政策目标写入地方政府与上级政府签订的绩效合同之中并层层下放[2]。目标责任制之所以成为中国地方政府绩效管理的典型实践方式，根源在于其与政府治理中的行政发包制的契合。周黎安提出的行政发包将其界定为一种介于科层制与发包制之间的混合形态，这一制度下，行政事务以任务层层下达和指标层层分解，同时高度依赖地方政府和单位经费自筹的财政分成和预算包干，同时，通过以结果为导向的考核确保其具体实施[3]。也就是说，行政发包制通过行政分权、经济激励和考核控制三个维度运行，而纵向行政发包制

---

① H. S. Chan and J. Gao, Performance Measurement in Chinese Local Governments: Guest Editors' Introduction, *Chinese Law & Government*, Vol. 41, No. 2, 2008, pp. 4 – 9.

② 杨帆、王诗宗：《中央与地方政府权力关系探讨——财政激励、绩效考核与政策执行》，《公共管理与政策评论》2015 年第 3 期。杨宏山：《超越目标管理：地方政府绩效管理展望》，《公共管理与政策评论》2017 年第 1 期。

③ 周黎安：《转型中的地方政府：官员激励与治理》，格致出版社 2017 年第二版，第 190—224 页。

与横向晋升锦标赛有机结合，构成了中国行政体制的基本特点，这也是目标责任制的制度基础。[①]

Gao 基于陕西省周至县的案例研究，重点关注目标责任制下县级政府如何完成上级政府政策目标。具体地，县级政府将政策目标转化为有待完成的绩效目标，通过与上级政府相关部门签订绩效合同明确目标任务和绩效标准，上级政府对年度目标完成情况进行考核，考核结果成为奖罚的重要依据。[②] 进一步地，Gao 基于对 12 类绩效考核文本的分析，发现绩效目标可分为功能性目标、一般目标和核心目标，其中，功能性目标关注于组织机构日常工作的产出；一般目标是国家和地区发展的重点任务，如党的建设，计划生育，社会稳定和安全生产等，一些一般目标被列为一票否决事项；核心目标包括经济增长目标和重点项目建设两类。地方政府通常优先完成一般目标，特别对一票否决的事项给予了重点关注。[③]

作为绩效测量在中国地方政府绩效管理实施的早期形式，不少学者对目标责任制的特征进行了研究。Gao 的研究认为目标责任制在具体实施过程中，具有自上而下的目标分解与目标逐渐加码的特征，即金字塔式的目标结构，地方政府既要在目标考核中对上负责，又要争取民众满意，同时，目标考核结果对官员职业预期相关联，能够形成一种高强度的激励。由此，目标责任制兼具政治理性与技术理性特征，[④] 其"激励性模式"引发了地方官员围绕目标考核具体事项的绩效竞争，"压力型模式"强化了地方政府对中央政策的执行力度，[⑤] 从而促进了中央和地方长短期

---

① 周黎安：《行政发包制》，《社会》2014 年第 6 期。

② J. Gao, Governing by Goals and Numbers: A Case Study in the Use of Performance Measurement to Build State Capacity in China, *Public Administration and Development*, Vol. 29, No. 1, 2009, pp. 21 - 31.

③ H. S. Chan and J. Gao, Performance Measurement in Chinese Local Governments: Guest Editors' Introduction, *Chinese Law & Government*, Vol. 41, No. 2, 2008, pp. 4 - 9.

④ J. Gao, Political Rationality vs. Technical Rationality in China's Target-based Performance Measurement System: The Case of Social Stability Maintenance, *Policy & Society*, Vol. 34, No. 1, 2015, pp. 37 - 48.

⑤ 王汉生、王一鸽：《目标管理责任制：农村基层政权的实践逻辑》，《社会学研究》2009 年第 2 期。

目标趋于一致。在行政集权和财政分权①特征下，目标考核能够显著提升地方政府执行中央政策的效率。

尽管目标责任制加强了地方政府贯彻实施中央政策的能力，其负面影响同样显著。Gao 以维稳目标责任制为例，基于 2010—2012 年在陕西省周至县的田野调查，研究发现在上级政府和民众双重压力下，目标考核可能引发绩效信息造假的问题。② 加之，晋升锦标赛的显著特征是激励效应逐级放大、层层加码，目标考核任务的逐年加码会带来目标错位、数据造假等问题③。

另一方面，目标责任制的强力激励引发地方官员的绩效竞争，然而，为了在绩效评估中保持占优地位，地方官员对绩效测量的操控造成了博弈行为盛行。依据博弈是否造成实际绩效与报道数据的差异，研究者将博弈行为区分为良性与恶性两种。良性博弈具体表现为棘轮效应与门槛效应，恶性博弈则包括通过突击应对检查、投机取巧和弄虚造假服从上级，或者表现为产出扭曲和数据造假。而良性博弈转为恶性博弈，其根源在于地方官员在政策实施中面临的三重困境，困境一在于考核目标与当地实际情况严重不符，这主要是指目标责任制运行中考核标准制定不科学问题，困境二在于目标责任制催生了竞争与合谋，与此同时，相应的监察与处罚仍旧缺位，困境三在于地方官员常常面临互相矛盾的考核目标。④

Wang 对安全生产控制指标这一高强度目标激励下的数据造假问题进行分析，运用 2005—2011 年 31 个省份各类生产安全事故的面板数据，研

① 傅勇、张晏：《中国式分权与财政支出结构偏向：为增长而竞争的代价》，《管理世界》2007 年第 3 期。X. Zhu, Mandate Versus Championship: Vertical Government Intervention and Diffusion of Innovation in Public Services in Authoritarian China, *Public Management Review*, Vol. 16, No. 1, 2014, pp. 117 – 139.

② J. Gao, Political Rationality vs. Technical Rationality in China's Target-based Performance Measurement System: The Case of Social Stability Maintenance, *Policy & Society*, Vol. 34, No. 1, 2015, pp. 37 – 48.

③ 周黎安、刘冲、厉行、翁翕：《"层层加码"与官员激励》，《世界经济文汇》2015 年第 1 期。J. Gao, "Bypass the Lying Mouths": How Does the CCP Tackle Information Distortion at Local Levels? *The China Quarterly*, Vol. 228, 2016, pp. 1 – 20.

④ J. Gao, Pernicious Manipulation of Performance Measures in China's Cadre Evaluation System, *China Quarterly*, Vol. 223, 2015, pp. 1 – 20.

究者以"某年度某省份实际事故死亡人数/死亡人数上限 = 1"为样本分界点,对分界点两侧的样本分别进行线性回归,研究发现当事故死亡人数超过 35 人这一上限时,样本分布会出现明显的断点,这一结论在各类事故中均成立,也就是说激励制度下事故死亡人数确实存在明显的低报[1]。Gao 认为绩效信息的造假问题由来已久且这一现象在 GDP 增长、产业增长、煤矿事故死亡人数、农民收入统计等不同领域中普遍存在,基于目标责任制下的绩效数据造假问题这一现状,关注到中央规避虚假数据的若干策略。[2] 而在节能减排领域,Ghanem 和 Zhang 的研究发现近半数中国城市的空气质量监测数据有造假嫌疑;[3] 而节能减排数据造假的诱发因素恰恰是目标设置带来的巨大压力。[4]

综合现有成果,发现已有研究首先关注到目标责任制何以成为中国地方政府绩效管理的主要实现形式,亦即目标责任制产生的制度基础与渊源;其次,基于田野调查的证据对目标责任制的特征和实施流程等进行了充分的展现;在此基础上,最后对目标考核的实施效果进行了分析,并且特别关注到其正面与负面效应。然而,对目标考核实施效果的分析缺乏实证证据的支持和检验,正负面效应的提出缺乏较为充实的论证,迫切需要将其置于具体的研究场域,基于大样本的证据对其实施效果进行进一步的检验。

第三节　关于安全生产考核与问责的研究

安全生产提供了研究官员晋升激励下目标考核制度实施效果的研究场域,然而相较于节能减排、社会稳定等其他目标考核事项,安全生产

---

① R. Fisman and Y. Wang, The Distortionary Effects of Incentives in Government: Evidence from China's "Death Ceiling" Program, *American Economic Journal: Applied Economics*, Vol. 9, No. 2, 2017, pp. 202 – 218.

② J. Gao, "Bypass the Lying Mouths": How Does the CCP Tackle Information Distortion at Local Levels? *The China Quarterly*, Vol. 228, 2016, pp. 1 – 20.

③ D. Ghanem and J. Zhang, "Effortless Perfection": Do Chinese Cities Manipulate Air Pollution Data? *Journal of Environmental Economics & Management*, Vol. 68, No. 2, 2014, pp. 203 – 225.

④ B. Ma and X. Zheng, Biased Data Revisions: Unintended Consequences of China's Energy-Saving Mandates, *China Economic Review*, Vol. 48, 2018, pp. 102 – 113.

目标考核领域的相关研究仍处于起步阶段。除针对生产安全事故的官方统计与梳理之外，已有研究集中于官员问责机制对矿难的影响，鲜有基于实证证据对安全生产目标考核制度治理效果的检验。

Hon 对 21 世纪以来中国安全生产治理难题的历史沿革进行回溯，特别关注于世纪之初安全生产领域的机构重组与制度设计。其中，2004 年国务院安全生产委员会出台安全生产死亡指标，死亡指标由中央政府制定，并由上而下层层分解，达标与否与官员的政治生涯密切相关。由此，将传统地方官员关注 GDP 增长转向经济发展与社会稳定间寻求平衡。研究进一步区分了事故相对指标和绝对指标，并明确了设置两类不同指标、特别是事故相对指标的意义所在。[1] 进一步地，通过对《中国安全生产年鉴》统计数据的整理和对从事安全生产监管工作人员的深度访谈，发现近年来工作场所死亡率的降低得益于死亡指标的有效控制与激励，与此同时，死亡指标解决了安全生产和监管中的责任陷阱问题，也提供了一种评估地方政府经济社会协调发展的绩效测量方法，随之而来的是地方官员在逐级上报生产事故和死亡人数中的失信与造假行为。[2]

菲施曼（Fisman）使用 2008—2013 年公开上市的 1475 个企业的数据，以每千名职工因工死亡率衡量企业安全生产状况，研究发现，有政治关联的企业事故发生率是没有关联企业的 2—3 倍。2004 年后出台的"无安全不晋升"政策使得负责安全监管的官员和其他地方官员的晋升取决于其是否达到中央设定的安全生产目标，由此，企业高管政治关联与死亡率之间的关系受到"无安全不晋升"政策调节作用的影响。截至 2014 年中期，中国有 20 个省份引入安全生产"一票否决"制度，采取"一票否决"后，企业总体因工死亡率下降了一半。采纳 NSNP 政策后，关联企业工人事故死亡率下降达 86%，而非关联企业下降幅度为 30%，在设置了安全生产目标的年份，关联企业因工死亡率显著下降，而非关联企业则不受影响。这一结论在控制企业固定效应、省份年份固定效应

[1] S. C. Hon and G. Jie, Death versus GDP! Decoding the Fatality Indicators on Work Safety Regulation in Post-Deng China, *China Quarterly*, Vol. 210, 2012, pp. 355–377.

[2] S. C. Hon and G. Jie, Death versus GDP! Decoding the Fatality Indicators on Work Safety Regulation in Post-Deng China, *China Quarterly*, Vol. 210, 2012, pp. 355–377.

和省份特定时间趋势后依旧成立，这说明加强安全生产监管并强化目标考核，的确有利于降低工作场所死亡率。[①] 在该学者的另一项研究中，为了研究激励制度在省份间的差异，对安全生产"一票否决"制度的实施效果进行了检验，研究显示该制度确实降低了死亡人数超出规定上限的可能性，尽管这一关联仅仅在 0.1 的水平上显著。[②]

Wei 运用多元干预时间序列分析，分别以 1986 年《中华人民共和国矿产资源法》、1993 年《中华人民共和国矿山安全法》和 2002 年《中华人民共和国安全生产法》为外部干预事件生成时间序列数据，研究安全监管法律的效果。研究发现法律对国企煤矿（SOE）和乡镇小煤矿（TVE）的监管效果不尽相同，尽管国企煤矿的死亡率呈下降趋势，但法律对其却没有显著影响，只有 2002 年《安全生产法》显著降低了乡镇小煤矿的百万吨死亡率。这项研究的意义在于一方面提供了煤矿安全法律和政府监管制度实施效果的经验证据，另一方面对于未来煤矿安全监管提供了有益启示。其一，从技术层面入手提升煤炭生产能力；第二，关注乡镇小煤矿工人的安全生产教育和培训；第三，国有煤矿应更多地从内部组织管理入手，改善安全管理。[③]

聂辉华等关注主管官员特征、政治周期等因素对矿难的影响。首先以 1995—2005 年省级国有重点煤矿死亡事故样本，通过主管安全生产副省长是否本地人、是否在任期第 5 年、任现职时是否超过 50 岁三个虚拟变量从经验上识别政企合谋，研究发现政企合谋是导致煤矿死亡率的主要原因。因而从异地调任年轻官员主管安全生产，是降低政企合谋程度、进而防范事故的可行之道。[④] 进一步地，基于 2000 年 7 月—2010 年 6 月

① R. Fisman and Y. Wang, The Mortality Cost of Political Connections, *The Review of Economic Studies*, Vol. 82, No. 4, 2015, pp. 1346 – 1382.

② R. Fisman and Y. Wang, The Distortionary Effects of Incentives in Government: Evidence from China's "Death Ceiling" Program, *American Economic Journal: Applied Economics*, Vol. 9, No. 2, 2017, pp. 202 – 218.

③ J. Wei, P. Cheng and L. Zhou, The Effectiveness of Chinese Regulations on Occupational Health and Safety: A Case Study on China's Coal Mine Industry, *Journal of Contemporary China*, Vol. 25, No. 102, 2016, pp. 1 – 15.

④ 聂辉华、蒋敏杰：《政企合谋与矿难：来自中国省级面板数据的证据》，《经济研究》2011 年第 6 期。

国家安全生产监督管理总局披露的各省份月度矿难死亡人数数据，研究两会、春运等具有中国特色的政治周期对矿难的影响。结果表明，地方两会显著降低了矿难起数和死亡人数，平均降幅分别达到18%和30%。为检验政治周期的影响程度，分别构建政治周期与媒体曝光和官员晋升动机的交互项，分析表明，媒体披露程度越高，政治周期对矿难的影响更大，而若主管安全的副省长在任期第四年时，政治周期对死亡人数的影响同样增强。之所以存在上述关联，原因在于不同于西方民主社会的特殊的政治生态环境，在政治集权和经济分权的中国，中央政府通过纵向监管和横向竞争激励地方政府重视安全生产，自上而下的垂直问责下地方官员为了在促进经济增长和维护社会稳定间求得平衡，往往通过在政治敏感期停产停工等短视行为降低事故发生概率，因此重塑地方官员的激励机制有利于破解垂直问责下地方官员的政绩冲动及其他短视行为，从而更关注安全生产等长期发展目标。[1]

在前述研究基础上，研究者收集了1995—2005年[2]22个省份的国有重点煤矿数据，分析结果显示，研究区间内百万吨煤死亡率平均为2.38人，其中，集权时期百万吨煤死亡率仅为2.21人，而分权时期百万吨煤死亡率则高达2.84人。进一步地，如果负责安全生产工作的副省长来自本省，那么该省在分权时期的煤矿死亡率会攀升至平均2.96人，而外省籍副省长的则仅为1.94人。研究显示，安全生产监管权限的下放使得百万吨煤死亡率提高25%。究其原因，分权导致政企合谋更加容易，当合谋的交易费用较低时，上述效应更加显著，由此带来更高的矿难死亡率。进一步，死亡率的增加对那些拥有较低交易费用（以官员籍贯度量）的规制者来说更明显。[3]

上述研究表明，安全生产问责的确对安全生产治理状况产生了不容置否的影响。然而已有研究的不足在于，一方面，事故统计资料的对比

---

① H. Nie, M. Jiang and X. Wang, The Impact of Political Cycle: Evidence from Coalmine Accidents in China, *Journal of Comparative Economics*, Vol. 41, No. 4, 2013, pp. 995 – 1011.

② 其中，1995—1997年和2001—2005年属于安全监管集权时期，而1998—2000年属于安全监管分权时期。

③ R. Jia and H. Nie, Decentralization, Collusion and Coalmine Deaths, *Social Science Electronic Publishing*, Vol. 52, No. 3, 2012, pp. 371 – 376.

分析尚不足以揭示制度效果，另一方面，大多集中于对煤矿安全的研究，而基于安全生产全景的目标考核制度实施效果尚无确切结论。加之，已有研究倾向于单纯研究问责制度本身而忽视制度如何影响地方政府治理行为，以上种种不足揭示了未来相关领域可能的研究方向。

第四节　研究述评

从总体上来看，目前关于晋升激励下的地方政府和官员行为引发了越来越多的学术关注，基于我国政治体制下的人事管理与绩效考核制度，涌现出节能减排等聚焦于中国具体研究场域的研究方向，相关成果屡见于国际顶尖期刊，这说明该领域的国际学术对话渠道正在不断打开，进一步证实了相关内容的研究意义与价值。但总体来看，相关研究仍有待进一步充实，特别是，目标考核作为一项晋升激励，如何影响地方政府在特定政策领域的治理效果？就安全生产而言，目标考核制度的治理效果如何？目标考核制度如何影响安全生产治理效果？其中间变量和作用机制是什么？

综合国内外相关研究成果，仍发现以下研究不足：

第一，晋升激励下地方政府的治理行为：研究场域亟待扩展。如前所述，现有研究聚焦于晋升激励对辖区经济治理的影响，如任期内经济治理绩效的变动、政府财政支出的变动[1][2]、晋升激励对土地财政的影响[3]、对以 GDP 为代表的政府绩效目标设置的影响[4]等等，着重考察在地方经济治理领域，官员任期、年龄等个人特征等对治理行为的影响；除经济治理领域之外，政绩观的变迁带来了对官员节能减排晋升激励的关注，已有研究通过对 2006 年节能减排目标考核下不同类型官员环保治理

---

[1]　G. Guo, China's Local Political Budget Cycles, *American Journal of Political Science*, Vol. 53, No. 3, 2009, pp. 621 –632.

[2]　X. Lü and P. F. Landry, Show Me the Money: Interjurisdiction Political Competition and Fiscal Extraction in China, *American Political Science Association*, Vol. 108, No. 3, 2014, pp. 706 –722.

[3]　刘佳、吴建南、马亮：《地方政府官员晋升与土地财政——基于中国地市级面板数据的实证分析》，《公共管理学报》2012 年第 2 期。

[4]　马亮：《官员晋升激励与政府绩效目标设置——中国省级面板数据的实证研究》，《公共管理学报》2013 年第 2 期。

效果的影响，探析官员晋升激励下地方政府治理行为的变化，相关研究成果日益丰富。而安全生产与节能减排均属关系人类生存发展和社会和谐稳定的重大问题，实践中中央分别于 2004 年和 2006 年出台了针对安全生产和节能减排的定量控制考核指标，地方政府纷纷将定量考核结果纳入"一票否决"范畴，因此，对安全生产目标考核制度治理效果的研究理应得到学术界更多的关注。安全生产治理问题关系到我国国家治理体系的现代化和治理能力的提升，关系到转型时期社会的和谐与稳定，然而地方政府安全生产治理行为如何受到官员晋升激励的影响，这一问题始终未得到有力回应，因此亟需充实官员晋升激励下地方政府安全生产治理行为的相关研究。

第二，安全生产目标考核制度的治理效果：研究内容亟待深化。已有研究关注于"问责制度"这个输入和"治理效果"这个输出，而对制度与效果之间的中间机制关注甚少，然而单纯对治理效果的关注不仅不足以解释研究背景中所提制度效果评价困境，而且可能存在的虚假数据等问题会在一定程度上削弱研究的信度和效度。在政府管理日益重视绩效的今天，忽视过程而对产出的片面强调不仅不利于绩效的改进与提升，而且会引发目标置换①等问题。基于此，迫切需要深化以往"制度—效果"逻辑论证链条，通过对制度产生效果中间变量和作用机制的关注，考察目标考核制度下地方政府究竟会付出怎样的治理努力，治理努力又如何影响治理效果，以此从地方政府治理行为这一全新视角进一步剖析目标考核制度的实施效果。

第三，安全生产目标考核制度的治理效果：研究方法亟待创新。在公共管理研究日益呈现实证主义引领导向的今天，对公共政策实施效果的实证分析势在必行。然而，一方面，目前关于安全生产状况的研究仍以对事故统计资料的描述性统计分析为主，基于大样本的实证检验为数不多；另一方面，已有实证研究局限于煤矿安全生产领域，缺乏针对整个安全生产领域的全景式分析，这说明了对安全生产目标考核制度治理效果进行实证分析的必要性；与此同时，从可行性的角度来说，中国历

---

① 刘焕、吴建南、徐萌萌：《不同理论视角下的目标偏差及影响因素研究述评》，《公共行政评论》2016 年第 1 期。

年的安全生产状况官方年鉴中均有翔实的记载，数据公开可得，且具有较高可信度，跨时特征构成的面板数据为实证分析提供了便利。因此，从研究方法的层面来看，亟需为安全生产目标考核制度的治理效果及其中间机制提供实证证据。

　　基于现有研究存在的以上不足，本书试图在已有成果的基础上对安全生产目标考核制度治理效果研究做出一点推进和补充，本书与以往相关研究成果的不同之处可能在于：研究内容层面，在中国安全生产这一研究场域分析晋升激励下的地方政府治理行为，聚焦安全生产目标考核制度的治理效果及其中间机制；研究方法层面，首先从理论出发构建数学模型，其次基于模型结论、相关理论和已有文献提出实证假设，最后运用省级面板数据对假设进行实证检验。总之，通过从理论出发构建模型，为模型结论提供实证证据等研究步骤，本书试图综合运用多种方法从多个维度解决所提出的研究问题。

表2—1　近年来关于我国官员晋升激励下地方政府和地方官员行为的相关外文文献

研究题目	作者（年份）	发表期刊	研究问题	研究对象
研究聚焦之一：经济增长绩效与地方财政				
Growth Target Management and Regional Economic Growth	Xu, X., & Gao, Y. (2015)	Journal of the Asia Pacific Economy, 20 (3), 517 – 534	目标管理与区域经济增长之间的关系	2001—2013 年省际数据
Political Turnover and Economic Performance: the Incentive Role of Personnel Control in China	Li, H., & Zhou, L. A. (2005)	Journal of Public Economics, 89 (9 – 10), 1743 – 1762	官员升迁与经济增长绩效之间的关系	1979—1995 年省际数据
China's Local Political Budget Cycles	Guo, G. (2009)	American Journal of Political Science, 53 (3), 621 – 632	官员任职年份与地方政府开支增长率之间的关系	1997—2002 年县级数据
Show Me the Money: Interjurisdiction Political Competition and Fiscal Extraction in China	Lü, X., & Landry, P. F. (2014)	American Political Science Association, 108 (3), 706 – 722	官员晋升机会对政府财政收入的影响	1999—2006 年县级数据
研究聚焦之二：环境保护与节能减排				
Pollution for Promotion	Jia, R. (2012)	Presented on USC Applied Economics Workshop	晋升激励如何影响地方环境污染	1993—2010 年省级面板数据
Who Maximizes (or Satisfices) in Performance Management? An Empirical Study of the Effects of Motivation-Related Institutional Contexts on Energy Efficiency Policy in China	Liang, J. (2014)	Public Performance & Management Review, 38 (2), 284 – 315	晋升激励对地方官员节能减排指标完成情况的影响	2000—2006 年 29 省份面板数据

续表

研究题目	作者（年份）	发表期刊	研究问题	研究对象
Performance Management, High-Powered Incentives, and Environmental Policies in China	Liang, J., & Langbein, L. (2015)	*International Public Management Journal*, 18 (3), 346–385	中央高强度的绩效激励对于地方环保政策实施效果的影响	2001—2010年31省份面板数据
Mandatory Targets and Environmental Performance: An Analysis Based on Regression Discontinuity Design	Tang, X., Liu, Z., & Yi, H. (2016)	*Sustainability*, 8 (9), 931	节能减排指标体系对环保绩效的影响	2000—2014年省际数据
Accountability, Career Incentives, and Pollution: The Case of Two Control Zones in China	Chen, Y. J., Li, P., & Lu, Y. (2015)	*Social Science Electronic Publishing*	污染减排指标对空气质量的影响	2001—2013年城市数据

研究聚焦之三：矿难与安全生产

研究题目	作者（年份）	发表期刊	研究问题	研究对象
The Impact of Political Cycle: Evidence from Coalmine Accidents in China	Nie, H., Jiang, M., & Wang, X. (2013)	*Journal of Comparative Economics*, 41 (4), 995–1011	政治周期对矿难的影响	2000—2010年18个省月度事故数据
The Mortality Cost of Political Connections	Fisman, R., & Wang, Y. (2015)	*The Review of Economic Studies*, 82 (4), 1346–1382	"无安全不晋升"对政治关联与死亡率关系的调节作用	2008—2013年中国上市企业事故数据
The Distortionary Effects of Incentives in Government: Evidence from China's "Death Ceiling" Program	Fisman, R., & Wang, Y. (2017)	*Nber Working Papers*	高强度激励对于生产安全事故数据造假的影响	2005—2012年省级季度事故数据

续表

研究领域	研究题目	作者（年份）	发表期刊	研究问题	研究对象
其他研究领域					
	Political Mobility and Dynamic Diffusion of Innovation: The Spread of Municipal Pro-Business Administrative Reform in China	X. Zhu, Y. Zhang. (2015)	Journal of Public Administration Research & Theory, 2015 (3)	政治晋升激励对创新动态扩散的影响	1997—2012 年 281 个城市的面板数据
	Authoritarian Environmentalism Undermined? Local Leaders' Time Horizons and Environmental Policy Implementation in China	Eaton, S. , & Kostka, G. (2014)	China Quarterly, 218 (152 Suppl 2), 359 – 380	晋升激励下官员任期对中央政策实施效果的影响	2010—2012 年山西省 5 市 11 县田野调查的数据

第三章

安全生产目标考核制度对
治理效果的影响模型

　　安全生产目标考核制度的出台事实上使得地方政府安全生产治理效果成为晋升激励的重要组成。本章试图基于公共选择理论"理性人"假设和中央政府和地方政府在安全生产治理中的委托—代理关系，通过数学模型建立安全生产目标考核制度出台与地方政府安全生产治理行为和治理效果的关系。

　　从本章在整项研究中的定位来看，建模分析试图对"目标考核—治理行为—治理效果"逻辑链条做一初探，从而为后文实证分析提供一定的理论基础。本章的内容安排如下：第一节首先对模型决策问题进行界定，第二节建立模型并分析得出结论，第三节对本章内容进行简要小结。

第一节　决策问题描述与界定

　　地方政府的利益取向和行为逻辑是理解中国发展模式的关键。已有研究表明，20世纪以来，我国经济增长奇迹的制度根源在于地方官员围绕 GDP 增长率而展开的晋升锦标赛。而随着长期以来"GDP 崇拜"所带来的诸多矛盾和问题，科学发展观引领下的地方政府政绩考核标准中逐步加大了节能减排和安全生产等工作的考核权重。2013 年中组部印发《关于改进地方党政领导班子和领导干部政绩考核工作的通知》明确强调"不能简单以地区生产总值及增长率论英雄"。然而，地方政府既是公共事务的代理人，也是追求地方政治和经济利益最大化的自利者。① 长期以来的 GDP 崇拜使得地方政府在安全生产治理中责任履行不到位，中央政府的信息劣势地位更加剧了政府的监管失灵，而面对追求 GDP 增长这一短期主义行为的恶果，如何从制度层面加强安全生产的晋升激励、如何加大对地方综合绩效的考察，有赖于安全生产治理委托—代理关系中的激励与约束机制的完善。

在安全生产领域，安全生产目标考核制度将安全生产责任履行同地方政府政绩和官员个人擢升相关联，构建了中央政府与地方政府在安全监管委托—代理关系中的激励相容机制，从而强化政府安全生产治理责任，约束地方政府的安全生产治理行为。安全生产目标考核结果纳入地方政府政绩考核体系使得地方官员在安全生产领域的治理效果成为一种重要的晋升激励。2004 年安全生产目标考核制度的出台使得安全生产问责有据可循，因而安全生产目标考核制度成为了破解央地委托—代理困境的一项重要的激励机制。

由此而来的问题是，安全生产目标考核制度如何影响地方政府治理行为进而治理效果？现有关于地方政府安全生产治理行为的研究大多聚焦于对政府安全监管努力的关注，主要通过构建中央政府、地方政府、企业等安全生产利益相关者之间的博弈模型，运用博弈论方法研究安全生产监管中的合作和博弈行为。安全生产帕累托协作的达成需要煤矿企业采取安全生产投资的互惠策略，地方政府采取强监管策略。② 而综合考量各个主体的收益函数，合理分配监管利益，才能使各监管主体的监管水平趋于一致。③ 现实中，由于监管成本高企，监管努力与否所得到的奖惩不足，导致激励不相容问题突出存在。④ 因此，通过中央政府与地方政府之间订立某种契约引入激励相容机制，是确保地方监管机构努力完成

① 赵静、陈玲、薛澜：《地方政府的角色原型、利益选择和行为差异——一项基于政策过程研究的地方政府理论》，《管理世界》2013 年第 2 期。

② 任国友：《地方安全生产监督管理体制：问题、原因及改进路径》，《中国安全生产科学技术》2013 年第 2 期。

③ 胡文国、刘凌云：《我国煤矿生产安全监管中的博弈分析》，《数量经济技术经济研究》2008 年第 8 期。

④ 陈思、罗云波、江树人：《激励相容：我国食品安全监管的现实选择》，《中国农业大学学报》（社会科学版）2010 年第 3 期。

监管任务的现实选择。[1] 不少学者从委托—代理模型出发研究不完全信息条件下研究中央政府对地方政府安全监管行为的激励问题，发现地方政府认真监管的成本越大时，监管带来的边际收益越大，亦即中央政府给予地方政府的监管激励应该越高，[2] 因此中央政府对地方政府的奖惩机制[3]对于地方政府发挥安全生产监管作用意义重大。已有研究初步验证了中央政府确立的激励和约束机制对地方政府安全监管及其效果的作用。

在中央政府与地方政府安全生产治理委托—代理关系下，"目标考核—治理效果"逻辑链中缺乏对地方政府安全生产治理行为这一中间变量应有的关注。安全生产目标考核制度的出台使得安全生产治理效果成为晋升激励的重要组成，本书将晋升激励作为地方政府安全生产治理行为背后的关键逻辑，基于中央政府与地方政府安全生产治理委托—代理模型，以地方政府安全生产治理努力作为分析治理行为的主要抓手，关注安全生产目标考核制度出台前后，不同程度的激励水平如何影响地方政府的安全生产治理努力程度进而治理效果，以此来探究目标考核制度治理效果背后的制度性原因。

第二节　模型建立与分析

一　理论基础与分析框架

基于公共选择理论"理性人"假设，地方政府及政府官员的目标是实现效用最大化，即在有限的环境和条件下追求力所能及的最大效用，进而在效用最大化的目标下确定自身的偏好和最优行动。在我国，省级地方政府拥有一定的自由裁量权，中央通过目标考核等方式激励地方政府有效执行中央政策，形成了地方官员基于绩效的竞争[4]，省级官员"不

---

① 肖兴志、胡艳芳：《中国食品安全监管的激励机制分析》，《中南财经政法大学学报》2010 年第 1 期。

② 沈斌、梅强：《煤炭企业安全生产管制多方博弈研究》，《中国安全科学学报》2010 年第 9 期。

③ 李英、米晓红：《基于不完全信息博弈理论的地方煤矿安全监管的博弈分析》，《工业安全与环保》2007 年第 12 期。

④ T. Harrison and G. Kostka, Balancing Priorities, Aligning Interests, *Comparative Political Studies*, Vol. 47, No. 3, 2014, pp. 450 – 480.

晋升即淘汰"① 的职业生涯特征导致地方政府间的晋升锦标赛普遍存在，此时，辖区政府绩效成为影响官员晋升的重要因素。② 而中央政府考核地方政府绩效的指标体系则成为了地方政府行为的重要引导，为了能在相对绩效考核中占据有利地位，地方政府短视行为、"迎评"行为③、非绩效行为④等盛行。从 GDP 至上到追求环境保护、安全生产、社会稳定，政绩观的变迁不仅是政府绩效评估技术方法的演进，更成为引导地方政府与中央政府长短期目标趋同的重要制度约束，而安全生产目标考核制度的出台强化了安全生产治理效果的激励效应。

　　为了使研究更具针对性，本书将影响官员晋升的地方政府综合绩效简化为经济增长绩效和安全生产治理效果两类。地方政府在促进经济增长和维持安全生产状况两类活动中获得收益和付出成本。中央政府通过对地方政府的政绩考核和省级官员人事任命来约束代理人——地方政府的治理行为，以晋升锦标赛的形式激励地方政府在促进经济增长的同时特别要重视安全生产问题。

二　参与人及主要假设

　　在安全生产治理委托—代理框架下，中央政府作为委托人，负责从顶层设计入手制定安全生产规划，评价与考核地方政府安全生产治理状况，并根据考核结果对地方政府及其官员进行奖惩；地方政府是代理人，负责辖区安全生产治理，既要执行中央政府出台的政策，也出台地方法规和标准规范辖区内企业等主体的安全生产活动。

　　相对于中央政府而言，地方政府对于其安全生产治理努力具有信息优势，中央政府只能通过生产安全事故起数、亿元 GDP 事故死亡人数等可观测的指标来获知地方政府的安全生产治理努力。为了降低地方政府逆向选择和道德风险的概率，中央政府设计一系列契约激励或约束来规

---

① 周黎安：《官员晋升锦标赛与竞争冲动》，《人民论坛》2010 年第 15 期。

② 吴建南、马亮：《政府绩效与官员晋升研究综述》，《公共行政评论》2009 年第 2 期。

③ 何文盛、姜雅婷：《系统建构视角下政府绩效评估结果偏差生成机理的解构与探寻》，《兰州大学学报》（社会科学版）2015 年第 1 期。

④ 尚虎平：《"绩效"晋升下我国地方政府非绩效行为诱因——一个博弈论的解释》，《财经研究》2007 年第 12 期。

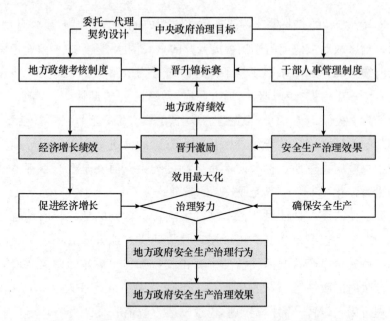

图3—1　晋升激励下地方政府安全生产治理努力模型分析框架

范地方政府行为，通过行政问责与事故追究、"一票否决"等将地方安全
生产绩效与地方政府绩效、官员升迁紧密关联，以此减少地方政府的短
视行为，促进地方政府行为与中央政府目标之间的一致性。安全生产目
标考核将中央政府难以确定的地方政府安全生产治理行为和治理效果以
指标任务的形式逐级下达并考核，考核结果与官员晋升相关联，因而成
为破解央地委托—代理难题的一项重要激励机制。

　　为进一步展开研究，本书提出如下假设：第一，地区经济增长绩效
主要来自于第二产业发展。第二产业企业所上缴的税收是地方政府财政
收入的重要组成部分，企业利润占地区 GDP 总量的绝对份额。第二，地
区安全生产治理效果不仅与政府安全生产治理努力、即政府的安全生产
治理行为有关，还受到其他外生随机变量的影响。

三　模型建立

（一）地方政府安全生产治理成本函数

地方政府安全生产治理成本由固定成本和可变成本两部分构成。其
中，固定成本指地方政府安全生产治理的初始技术投入、人员和机构成

本等，可变成本是随治理努力程度变化而变动的成本。假设地方政府治理成本函数为 $C(r) = m + nr^2$，其中，m 表示固定成本，n 为变动成本系数，$n > 0$。n 越大，表示由同样治理努力程度带来的成本越高。r 表示地方政府的安全生产治理努力，$r \geqslant 1$。

对成本函数求一阶导数可得：$\dfrac{\partial C(r)}{\partial r} = 2nr > 0$，故地方政府安全生产治理成本随治理努力程度提高而上升。

（二）地方政府安全生产治理效用函数

在地方政府的安全生产治理努力 r 下，政府每增加一单位治理努力，总收益增加 x（$x > 0$），故政府安全生产治理效果为 $\pi = rx + \theta$，其中 θ 为外生随机变量，服从均值为 0，方差为 σ^2 的正态分布。

在官员晋升激励下，只有被纳入中央政府政绩考核标准的政府绩效，才能构成地方政府官员追求的效用。设 λ 是在中央政府既定政绩考核标准下，由安全生产治理效果带来的官员晋升激励系数，即辖区安全生产治理效果给官员带来的晋升效用权重，$0 < \lambda < 1$。在只考虑经济增长和安全生产两种绩效的政府绩效简化模型中，$1 - \lambda$ 即由经济增长绩效带来的晋升激励系数，即辖区经济增长绩效给官员带来的晋升效用权重。基于上述分析，地方政府安全生产治理效用函数是安全生产治理效果的线性函数。

假设政府安全生产治理效用函数为：$S(\pi) = \lambda\pi = \lambda(rx + \theta)$，$\dfrac{\partial S}{\partial r} = \lambda x > 0$，故政府安全生产治理效用随治理努力水平提高而上升。

（三）地方政府经济增长效用函数

由假设一可知，辖区企业上缴税收是政府财政收入的主要来源，企业利润是地区 GDP 的主要构成。文献回顾的证据表明，财政收入和 GDP 是政绩考核中经济增长绩效的主要衡量指标。而在价格水平外生的前提下，企业税收与利润均取决于企业产量。给定政府安全生产治理努力程度，企业会根据政府由治理努力决定的监管水平选择生产努力水平，进一步假设企业生产努力函数单调递减，企业产量随政府监管水平提高而下降，进而造成企业利润、上缴税收的减少，因而地方政府经济增长绩效是治理努力程度的减函数。假设给定地方政府安全生产治理努力程度

r，辖区内由企业产量提升所导致的经济增长绩效为 $e = y(r) + \varepsilon$，其中，$y(r)$ 表示受政府治理努力程度影响的企业生产效益，$y'(r) < 0$。ε 为外生变量，$\varepsilon \sim N(0, \sigma^2)$。

令 $y(r) = \dfrac{z}{r}$，$z > 0$，表示安全生产治理对企业效益、进而经济增长绩效的影响程度，给定治理努力水平 r，z 越大，表示安全生产治理对经济绩效影响越小，反之影响越大。故地方政府经济增长效用函数可表示为 $e = y(r) + \varepsilon = \dfrac{z}{r} + \varepsilon$。

假设地方政府经济增长效用函数 $G(e) = (1 - \lambda)e = (1 - \lambda)(\dfrac{y}{r} + \varepsilon)$，$1 - \lambda$ 是由经济增长绩效带来的官员晋升激励系数，$\dfrac{\partial G}{\partial r} = -(1 - \lambda) \dfrac{z}{r^2} < 0$，故经济增长效用随安全监管努力水平上升而下降。

（四）地方政府总效用函数

综上，地方政府总效用函数可表示为：

$$U = S(\pi) + G(e) - C(r) = \lambda(rx + \theta) + (1 - \lambda)(\dfrac{z}{r} + \varepsilon) - (m + nr^2)$$

对上式求一阶导数，可得 $\dfrac{\partial U(r)}{\partial r} = \lambda x - (1 - \lambda) \dfrac{z}{r^2} - 2nr$

对上式求二阶导数，可得 $\dfrac{\partial^2 U(r)}{\partial^2 (r)} = 2(1 - \lambda) \dfrac{z}{r^3} - 2n$

令 $\dfrac{\partial^2 U(r)}{\partial^2 r} = 0$，得 $r_0 = \sqrt[3]{\dfrac{(1 - \lambda)z}{n}}$。故

当 $0 < r < r_0$ 时，$\dfrac{\partial^2 U(r)}{\partial^2 (r)} > 0$，总效用函数为凹函数；

当 $r \geq r_0$ 时，$\dfrac{\partial^2 U(r)}{\partial^2 (r)} < 0$，总效用函数为凸函数。

四 模型分析与结论

结论 1：随着地方政府安全生产治理努力程度的上升，安全生产治理成本上升，安全生产治理效果上升；辖区企业根据由政府安全生产治理

努力决定的监管水平选择生产努力水平，治理努力上升会导致企业产量进而经济增长绩效下降。

结论2：晋升激励视角下地方政府总效用是政府绩效的线性函数。政府绩效是一种客观存在，绩效评价或政绩考核是一种主观判断，而只有被纳入中央政府政绩考核体系中的政府绩效才能构成官员视角下的政府效用。此时，晋升激励系数便成为影响安全生产治理行为选择的一个关键变量。

结论3：随安全生产治理努力程度提高，地方政府总效用整体上呈现先凹后凸的趋势。地方政府总效用凹凸性的拐点取决于安全生产晋升激励系数（λ）、安全生产治理变动成本系数（n）和安全生产治理对辖区企业产量的影响程度（z）。

五　数值模拟与验证

上节结论2和结论3突出了安全生产目标考核出台后带来的激励效应对地方政府安全生产治理行为、进而治理效果的影响。安全生产目标考核制度的出台提升了安全生产在政绩考核中的权重，增加了安全生产的晋升激励效应。通过 MATLAB 软件对官员晋升激励下地方政府效用模型进行数值模拟与计算，以揭示在安全生产目标考核制度出台前后不同晋升激励系数下，安全生产治理努力程度对地方政府总效用的影响。图3—2中横坐标表示地方政府安全生产治理努力，纵坐标表示官员晋升激励下由安全生产和经济增长两类活动带来的地方政府总效用。左右两图分别代表目标考核制度出台前后的两种激励情形：

第一，安全生产目标考核制度出台后：安全生产治理效果高激励。

$\lambda = 0.9$ 代表中央政府政绩考核中安全生产治理效果的较高权重，此时地方政府总效用随安全生产治理努力程度提高而上升。具体地，当目标考核出台后，安全生产在政绩考核中占据高权重，地方政府会选择强治理水平以实现效用最大化，尽管强治理水平会带来治理成本的增加和经济增长绩效的减少。

第二，安全生产目标考核制度出台前：安全生产治理效果低激励。

$\lambda = 0.1$ 代表中央政府政绩考核中安全生产治理效果的较低权重，此时随着地方政府安全生产治理努力程度的提高，地方政府总效用呈现先下降后上升再下降的趋势；目标考核出台前，安全生产在政绩考核中占据较低权重，随安全生产治理水平的提升，地方政府总效用会首先经历短期内的迅速下降，这是由于政府持续投入治理努力，随成本上升而来的负效用凸显，此时虽然安全生产状况好转，但相较于无治理努力的情形，开始投入治理努力对于经济增长的冲击较大，故总效用呈现下降趋势；当效用下降到一定程度时，此时增加安全生产治理努力，总效用会逐渐上升，这一阶段被认为是安全生产与经济增长协调、可持续并行发展的状态；而当治理水平超出一定限度之后，伴随着安全生产治理成本高企和企业产量持续缩减，继续加强安全生产治理只会导致总效用的下降。

图 3—2 对模型的主要结论进行了验证，模拟结果及参数选择与公共管理实践情形较为相符，上述结论显示了安全生产目标考核出台对地方政府安全生产治理努力与治理效果的影响，对分析官员晋升影响地方政府安全生产治理行为的作用机制提供了借鉴与启示。

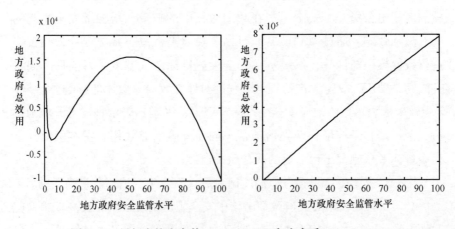

图 3—2　目标考核出台前（λ = 0.1）和出台后（λ = 0.9）
时地方官员晋升总效用函数

第三节　本章小结

安全生产目标考核制度的出台事实上提升了安全生产治理效果的晋

升激励效应。本章基于晋升激励分析视角，试图通过数学模型对安全生产目标考核制度出台后地方政府如何投入安全生产治理努力进而如何影响治理效果进行初探。研究发现，地方政府对于安全生产治理努力的选择是一种典型的相机抉择。在央地安全生产治理委托—代理相关契约设计下，目标考核制度的出台使得地方政府会在晋升效用最大化目标下选择最优的安全生产治理努力程度，而安全生产治理努力取决于中央政府制定的安全生产晋升激励系数，亦即安全生产在地方政府政绩考核中所占的权重，同时地方政府层面安全生产治理变动成本系数和安全生产治理对经济增长的影响程度也是地方政府的重要考量因素。

模型分析结果表明：第一，安全生产目标考核制度出台前后的不同晋升激励水平影响地方政府付出不同程度的治理努力；第二，晋升激励下，地方政府安全生产治理努力、进而安全生产治理行为是影响安全生产治理效果的关键变量。安全生产目标考核制度的出台增强了安全生产的晋升激励效应，但由于经济发展仍是第一要务、GDP 仍是政绩考核的重心，尽管面临巨大的考核压力和激励水平，地方官员仍会综合考虑安全生产治理的成本以及安全生产治理对辖区经济发展的影响。更进一步地，在本章结论的基础上，安全生产目标考核制度下地方政府究竟如何确定治理行为、进而治理效果究竟怎样需要基于实证证据的检验，即本书第四章和第五章的分析。本章研究思路梳理见图3—3。

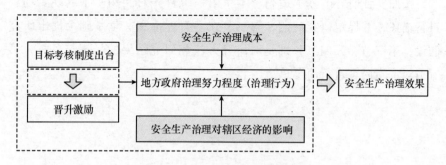

图3—3 第三章研究思路梳理

注：→表示影响地方政府安全生产治理努力程度的因素，即中央政府政绩考核标准、安全生产治理变动成本系数和安全生产治理对辖区企业产量的影响程度。

第 四 章

安全生产目标考核制度的
治理效果检验

　　本章试图实证检验安全生产目标考核制度与其治理效果之间的关系，为安全生产目标考核制度的治理效果提供初步证据。在我国干部人事管理制度下，省级官员年龄、任期等个人特征是其晋升预期的重要风向标，故在考察"目标考核—治理效果"这一主效应之外，进一步对官员个人特征与治理效果之间的关系予以关注。从实证研究因果推断的角度，本章内容限于对因果效应（Causal Effects）的讨论，亦即在控制重要变量的基础上，对"x导致了y"进行验证。① 而对"x是如何导致y"这一因果机制（Causal Mechanism）追问，有待于本书第五章的进一步发掘和解释。

　　按照实证研究的基本逻辑，本章第一节首先对问题基于的现实场景进行描述，并界定研究问题，第二节在已有理论和文献基础上提出研究假设，第三节、第四节分别是对研究方法和研究结果的呈现与分析，第五节对本章内容进行简要总结。

---

① ［美］加里·金、罗伯特·基欧汉、悉尼·维巴：《社会科学中的研究设计》，陈硕译，格致出版社 2014 年版，第 73—81 页；余莎、耿曙：《社会科学的因果推论与实验方法——评 Field Experiments and Their Critics：Essays on the Uses and Abuses of Experimentation in the Social Sciences》，《公共行政评论》2017 年第 2 期。

第一节　实证背景与问题描述

一　实证背景

2004 年 1 月 9 日，《国务院关于进一步加强安全生产工作的决定》明确规定"建立安全生产控制指标体系。要制订全国安全生产中长期发展规划，明确年度安全生产控制指标，建立全国和分省（区、市）的控制指标体系，对安全生产情况实行定量控制和考核。从 2004 年起，国家向各省（区、市）人民政府下达年度安全生产各项控制指标，并进行跟踪检查和监督考核。"自此，目标管理责任制在安全生产领域开始正式实施，安全生产治理状况开始同地方政府政绩进而官员升迁相关联，安全生产目标考核制度成为影响地方官员治理行为的一项强力激励。实践中，安全生产目标考核制度以五年规划和年度计划为目标指导，以安全生产控制指标体系为主要抓手，地方政府陆续通过"一票否决"的方式完成目标考核任务。

（一）安全生产目标考核制度以国家和省级层面的五年规划和年度计划为目标指导

2006 年，《国务院办公厅关于印发安全生产"十一五"规划的通知》的出台宣告安全生产工作开始迈入中长期发展规划的轨道，安全生产中长期规划对未来五年全国安全生产治理的总体目标、部分行业和领域目标进行了明确的量化规定，并列出安全生产治理的若干项主要任务，在此基础上，提出相应的重点工程和保障措施。表 4—1 对安全生产"十一五"和"十二五"规划中的目标任务进行了呈现。在国家安全生产中长期规划的基础上，各省（区、市）政府依照中央下达的目标任务和本地实际，出台本省（区、市）安全生产五年规划，同样对未来五年内辖区安全生产治理的目标进行详细阐释。

五年规划为安全生产治理的中长期发展指明了方向，年度计划则是安全生产目标任务更具指导性的呈现形式。从 2004 年起，每年年初召开的全国安全生产工作会议在对过去一年安全生产工作的成效、问题进行回顾的基础上，对新一年安全生产工作的总体任务和重点工作进行部署；此外，安全生产工作同时也是全国及各地方政府两会《政府工作报告》

的重要组成部分，如重庆市 2010 年《政府工作报告》中明确提出"全年安全事故死亡人数下降 2.5%"。

表 4—1   安全生产"十一五"和"十二五"规划列出的目标任务

五年规划	总体目标	部分行业和领域目标	主要任务
《国务院办公厅关于印发安全生产"十一五"规划的通知》	到 2010 年，亿元国内生产总值生产安全事故死亡率比 2005 年下降 35% 以上，工矿商贸就业人员十万人生产安全事故死亡率比 2005 年下降 25% 以上，一次死亡 10 人以上特大事故起数比 2005 年下降 20% 以上，职业危害严重的局面得到有效控制，安全生产状况进一步好转	1. 煤矿：百万吨死亡率下降 25% 以上，一次死亡 10 人以上特大事故起数下降 20% 以上 2. 非煤矿山：死亡人数下降 10% 以上 3. 危险化学品：死亡人数下降 10% 以上 4. 烟花爆竹：死亡人数下降 10% 以上 5. 建筑：死亡人数下降 10% 以上 6. 特种设备：万台设备死亡人数控制在 0.8 人以下 7. 火灾（消防）：十万人口死亡率控制在 0.19 以下 8. 道路交通：万车死亡率控制在 5.0 以下 9. 水上交通：死亡和失踪人数下降 10% 以上 10. 铁路交通：死亡人数下降 10% 以上 11. 民航飞行：民航运输飞行百万飞行小 12. 时重大事故率下降到 0.3 以下 13. 农业机械：死亡人数下降 10% 以上 14. 渔业船舶：死亡人数下降 10% 以上	1. 遏制煤矿重特大事故 2. 深化重点行业和领域专项整治与监督管理 3. 实施重大危险源监控和重大事故隐患治理 4. 严格职业卫生监督检查 5. 加强安全生产监管监察能力建设 6. 加快安全生产法制建设 7. 开展安全生产科技研发及成果推广应用 8. 强化安全生产培训 9. 推进安全生产宣传教育 10. 加强安全生产中介组织建设

续表

五年规划	总体目标	部分行业和领域目标	主要任务
《国务院办公厅关于印发安全生产"十二五"规划的通知》	到2015年，各类事故死亡总人数下降10%以上，工矿商贸事故死亡人数下降12.5%以上，较大和重大事故起数下降15%以上，特别重大事故起数下降50%以上，职业危害申报率达80%以上，为到2020年实现安全生产状况根本好转奠定坚实基础	1. 亿元国内生产总值生产安全事故死亡率下降36%以上 2. 工矿商贸就业人员十万人生产安全事故死亡率下降26%以上 3. 百万吨煤死亡率下降28%以上 4. 道路交通万车死亡率下降32%以上 5. 特种设备万台死亡率下降35%以上 6. 火灾十万人口死亡率控制在0.17以内 7. 水上交通百万吨吞吐量死亡率下降23%以上 8. 铁路交通10亿吨公里死亡率下降25%以上 9. 民航运输亿客公里死亡率控制在0.009以内	1. 完善安全保障体系，提高企业本职安全水平和事故防范能力 2. 完善政府安全监管和社会监督体系，提高监察执法和群防群治能力 3. 完善安全科技支撑体系，提高技术装备的安全保障能力 4. 完善法律法规和政策标准，提高依法依规安全生产能力 5. 完善应急救援体系，提高事故救援和应急处置能力

（二）安全生产目标考核制度以安全生产事故控制指标为主要抓手

2004年，国务院安全生产委员会确定的安全生产控制指标由考核指标和备案指标两部分构成。其中，工矿商贸事故死亡人数、煤矿事故死亡人数和百万吨煤死亡率被列为考核指标，亿元GDP死亡率、10万人死亡率和工矿企业10万人死亡率属于备案指标。同时，规定全国各类事故死亡人数在上年度基础上下降2.5%，[①]并要求各地方政府将控制指标尽快分解落实。

2005年，安全生产控制指标体系进一步完善。在2004年的基础上增

---

① 《国家今年安全生产控制指标：事故死亡人数降2.5%》，《能源与环境》2004年第3期。

加了道路交通、火灾、铁路交通事故死亡人数；在工矿商贸企业死亡人数大项下，增设金属与非金属矿、危险化学品、烟花爆竹、建筑业事故死亡人数小项；道路交通死亡人数大项下，设万车死亡率小项。2006 年，亿元 GDP 事故死亡率、工矿商贸就业人员十万人事故死亡率、道路交通万车事故死亡率、煤矿百万吨事故死亡率这四大安全生产控制指标被正式确立为"十一五"期间考核各级政府和企业领导政绩的重要指标①。2008 年，控制指标体系涉及行业从以工矿商贸行业为主，扩大到道路交通、火灾、铁路交通、农机等多个行业；指标类型从以绝对指标为主到绝对和相对指标共同构成；指标设置从仅关注事故死亡人数到死亡人数和较大以上事故起数并重，工矿的分项指标从仅控制煤矿事故死亡人数扩大到非煤、建筑、危化、烟花爆竹等事故死亡人数。

（三）安全生产目标考核制度下，"一票否决"在省际层面扩散

面对中央下达的安全生产控制指标，各省政府一方面通过将控制指标向更低层次政府层层分解、层层问责，以达到中央政府控制指标要求；另一方面，陆续出台"一票否决"制度，把安全生产工作纳入政府目标管理和干部政绩考核范畴，特别是对重特大事故发生的主要领导干部进行否决。图 4—1 呈现了安全生产"一票否决"制度在省份间的扩散状况。分析显示，截至 2014 年底，全国已有 28 个省份以正式政府公文的形式对安全生产"一票否决"制度予以确定，各省份采纳安全生产"一票否决"制度的累积分布随时间推移符合 S 形曲线特征②，是压力型体制下一种典型的政策扩散形式。

2008 年山西省襄汾县"9·8"尾矿溃坝重大责任事故后，时任山西省省长孟学农公开道歉并引咎辞职，副省长张建民被免职，成为生产安全事故高官问责的典型践行者③。自此之后，无论是顶层制度建设，还是政治生态的现实实践，安全生产目标考核和行政问责已然成为遏制事故

① 新浪网：《亿元 GDP 生产事故死亡率是美国 20 倍》，2006 年 2 月 16 日，http://news.sina.com.cn/c/2006-02-16/04348217492s.shtml，2018 年 2 月 16 日。

② S. Nicholsoncrotty, The Politics of Diffusion: Public Policy in the American States, *Journal of Politics*, Vol. 71, No. 71, 2009, pp. 192-205.

③ 中国新闻网：《重大事故集中爆发，中国政坛掀罕见"问责风暴"》，2008 年 11 月 11 日，http://www.chinanews.com/gn/news/2008/11/11/1445169.shtml，2017 年 9 月 23 日。

图 4—1　2004—2014 年安全生产"一票否决"制度的省际扩散

资料来源：根据各省（区、市）出台安全生产"一票否决"的政策文件梳理。

的一剂良药。然而，对目标考核制度的负面评价与相应的讨论也不绝于耳。2014 年，河南省政府办公厅公布《安全河南创建 2014 年行动计划》，明确提出"年内全省各类生产安全事故死亡人数控制在 1098 人以下"，在社会上引发了热议，这一方面来自于对"死亡指标"的存在是否合情合理问题的讨论，批评者认为"事故死亡人数上限"为事故的发生预留了制度空间，地方政府拥有在"计划内"死多少人的权力，若每年的事故死亡人数控制在"死亡指标"以内，就可以享受"赦免令"而高枕无忧，[①] 从而不利于安全生产治理的可持续。而支持者则认为硬性的"死亡指标"能够迫使地方政府和官员将事故死亡人数控制在一个逐年下降的规定范围之内，确实能够在一定程度上减少事故伤亡水平。[②]

　　除热烈的社会讨论外，已有研究同样对安全生产"死亡指标"的正负面效应进行了分析。Hon 的研究表明，抛开法律执行、安全生产技术进步和危险煤矿关闭的因素，"死亡指标"的实施确实降低了事故死亡率，然而潜在的数据造假可能会削弱其效力。[③] Fisman 和 Wang 的研究表明在

---

　　① 网易新闻：《保障生命安全不能设"死亡指标"》，2014 年 6 月 14 日，https：//www.163.com/news/article/9UMMOG6A00014Q4P.html，2017 年 9 月 23 日。

　　② 人民网：《别对"死亡指标"断章取义》，2014 年 6 月 16 日，http：//opinion. people. com. cn/n/2014/0616/c1003 - 25153586. html，2017 年 9 月 23 日。

　　③ S. C. Hon and G. Jie, Death versus GDP! Decoding the Fatality Indicators on Work Safety Regulation in Post-Deng China, *China Quarterly*, Vol. 210, 2012, pp. 355 - 377.

设置了安全生产目标的年份，政治关联企业因工死亡率显著下降，[1] 而他们的另一项研究显示，当事故死亡人数超过 35 人这一上限时，样本分布会出现明显的断点，这一结论在各类事故中均成立，也就是说激励制度下事故死亡人数确实存在明显的低报。[2]

从我国近年来生产安全事故统计结果来看，一方面事故起数、死亡人数、死亡率等主要控制指标呈现下降趋势，另一方面重特大事故形势依然相当严峻，从 2015 年天津港"8·12"瑞海公司危险品仓库特别重大火灾爆炸事故、深圳光明新区渣土收纳场"12·20"特别重大滑坡事故，到 2016 年陕西神木刘家峁煤矿"1·6"重大事故和吉林通化矿业有限责任公司松树镇煤矿"3·6"重大煤与瓦斯突出事故。

由此，从社会讨论、到学术分歧、再到实践证据，迫切需要对以事故结果控制指标为核心的安全生产目标考核制度的治理效果进行科学客观的、基于经验证据的检验和分析，而这也是本章试图解决的中心问题。

二 问题描述

"从公共管理实践来看……一项公共管理制度、一个公共政策，它的具体效果如何需要实证研究。"[3] 对公共管理制度效果的实证分析是科学管理与科学决策的需要。生产安全事故频发是 20 世纪以来我国政府所面临的最为重大的治理难题之一，作为重要的治理主体，相较于企业在微观层面对生产安全事故的直接责任，政府在中观层面负责对企业安全生产的监督管理，在更为宏观的层面则从制订和出台制度入手，以顶层设计的方式对安全生产进行宏观治理。为破解生产安全事故频发多发困境，一系列安全生产问责制度相继出台，然而安全生产治理效果的改善需要实证基础上的科学决策，制度与治理效果之间的关系仍然有待发掘。

以约束型和控制型指标为核心的目标考核制度是我国地方政府绩效

---

① R. Fisman and Y. Wang, The Mortality Cost of Political Connections, *The Review of Economic Studies*, Vol. 82, No. 4, 2015, pp. 1346−1382.

② R. Fisman and Y. Wang, The Distortionary Effects of Incentives in Government: Evidence from China's "Death Ceiling" Program, American Economic Journal: Applied Economics, Vol. 9, No. 2, 2017, pp. 202−218.

③ 杨开峰:《强化公共管理实证研究势在必行》,《实证社会科学》2016 年第 1 期。

管理的典型实践方式。20 世纪 80 年代中期，启发于国际流行的"目标管理"（MBO），结合我国行政管理体制的特点，地方政府普遍开始采纳"目标管理责任制"作为主要的考核形式，其主要做法是，上级政府将总目标分解细化并沿行政层级层层下达，上下级政府之间签订基于目标任务的"责任书"或"责任状"，从而形成一整套目标和责任体系，目标完成情况则成为各级政府组织考核和奖惩的基本依据。① 目标任务自上而下系统推进，从而构成"压力型体制"的基本形态。目标管理责任制的运行过程包括目标确立、目标分解、目标进展监测、目标完成情况考核等四个阶段，② 而对目标完成情况的考核实质上就是绩效评估。20 世纪 80—90 年代的目标管理责任制以经济增长为中心，金字塔式的经济增长目标结构推动了我国经济的快速增长。③ 21 世纪以来，得益于国家层面经济发展方式的转向，目标考核的内容不再局限于经济增长，而更多地向社会稳定、党风廉政、环境保护、农民减负、安全生产等领域拓展。总体而言，目标责任制改进了政府纵向关系模式，目标完成情况纳入政绩考核体系，与官员个人奖惩晋升挂钩极大地激发了地方官员进行地方治理的动力，同时促进了地方政府之间的横向竞争，而其负面效应同样显著④。

　　已有研究表明，目标考核为地方政府提供了强力激励，促使其完成上级政府确立的目标任务。在经济增长领域，Xu 的研究表明，中国经济能够实现高速增长，其背后的原因在于目标管理体制；⑤ 而 Zhou 的系列研究则将晋升激励下地方政府之间基于 GDP 增长的竞争视作一种晋升锦

---

① 周志忍：《公共组织绩效评估：中国实践的回顾与反思》，《兰州大学学报》（社会科学版）2007 年第 1 期。

② 周志忍：《政府绩效评估中的公民参与：我国的实践历程与前景》，《中国行政管理》2008 年第 1 期。

③ X. Xu and Y. Gao, Growth Target Management and Regional Economic Growth, *Journal of the Asia Pacific Economy*, Vol. 20, No. 3, 2015, pp. 517 – 534.

④ 杨宏山：《超越目标管理：地方政府绩效管理展望》，《公共管理与政策评论》2017 年第 1 期。

⑤ X. Xu and Y. Gao, Growth Target Management and Regional Economic Growth, *Journal of the Asia Pacific Economy*, Vol. 20, No. 3, 2015, pp. 517 – 534.

标赛，并将其作为中国经济高速增长的源泉。[①] 在环境保护领域，Tang 基于省级面板数据固定效应和断点回归设计，研究发现"十一五"和"十二五"规划中的节能减排命令性指标体系（Mandatory Target System，MTS）有利于改善环境绩效，然而奖惩措施却不能解释环境绩效的提升；[②] Chen 则聚焦于地（市）级政府层面，通过对酸雨和二氧化硫"两控区"空气质量状况的实证检验，研究发现 2006 年出台的污染减排指标对二氧化硫减排具有显著影响；[③] Liang 运用31 个省份2001—2010 年的面板数据对地方政府节能减排目标考核的实施效果进行检验，研究发现被强制考核和公开可见的减排目标（如二氧化硫排放量）政策实施效果好，不同类别官员的政策实施效果不尽相同。[④]

上述分析表明，2006 年"十一五"规划纲要出台的节能减排约束性目标的制度效果已较为丰富，相关研究业已取得了相对一致的分析结论。安全生产与节能减排是关系人类生存发展和社会和谐稳定的重大问题，2004 年安全生产目标考核开始实施，2006 年，节能减排考核指标出台。因此，对安全生产目标考核制度治理效果的研究应该得到学术界更多的关注，加之，现有针对安全生产治理效果的研究局限于煤矿安全领域，缺乏从宏观层面对安全生产各领域综合治理效果的研究。研究方法方面，已有研究主要集中于对官方统计数据的梳理和调查，尽管提及安全生产目标考核的效果但尚缺乏实证证据；同时，对安全生产目标考核制度治理效果实证检验的缺失不仅不利于相关领域的科学管理和科学决策，而且不利于安全生产治理效果的持续改善。

---

① Li H. , Zhou L. A. , Political Turnover and Economic Performance: the Incentive Role of Personnel Control in China, *Journal of Public Economics*, Vol. 89, No. 9 – 10, 2005, pp. 1743 – 1762.

② X. Tang, Z. Liu and H. Yi, Mandatory Targets and Environmental Performance: An Analysis Based on Regression Discontinuity Design, Sustainability, Vol. 8, No. 9, 2016, p. 913.

③ Y. J. Chen, P. Li and Y. Lu, Accountability, Career Incentives, and Pollution: The Case of Two Control Zones in China, *Lee Kuan Yew School of Public Policy Research Paper*, No. 16 – 11, 2015, Available at SSRN: https: //ssrn. com/abstract = 2703239 .

④ J. Liang, Who Maximizes (or Satisfices) in Performance Management? An Empirical Study of the Effects of Motivation-Related Institutional Contexts on Energy Efficiency Policy in China, *Public Performance & Management Review*, Vol. 38, No. 2, 2014, pp. 284 – 315. J. Liang and L. Langbein, Performance Management, High-Powered Incentives, and Environmental Policies in China, *International Public Management Journal*, Vol. 18, No. 3, 2015, pp. 346 – 385.

综合实践背景与已有成果，至少有以下几个问题亟待学术界和实践工作者的有力回应：第一，安全生产目标考核制度的治理效果究竟如何？第二，晋升激励下省级官员个人特征如何影响安全生产治理效果？第三，安全生产目标考核制度的治理效果是否存在一定的时间效应？从整项研究的定位来看，上述问题试图通过对官员个人特征的考察，检验官员晋升激励下的安全生产"目标考核—治理效果"逻辑链条，概念逻辑如图4—2所示。

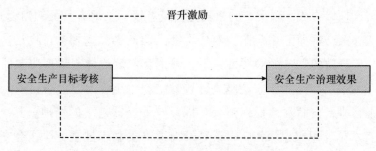

图4—2　安全生产"目标考核—治理效果"概念逻辑

第二节　研究假设及实证模型

一　安全生产目标考核制度与安全生产治理效果

我国的政治体制具有"行政集权"与"财政分权"并存的特征①。已有研究对地方政府相互之间开展竞争以促进区域发展的制度性原因进行了深入剖析，并形成了"财政激励"和"政治激励"两大研究路径。Qian提出的中国特色"市场维护型联邦主义"将财政激励作为中国地方政府激励的源泉，认为地方官员能够在促进区域经济发展中保持动力和创造力的根源在于财政分权和央地财税共享带来的财政激励，区域"块

① Y. Huang and Y. Sheng, Political Decentralization and Inflation: Sub-National Evidence from China, *British Journal of Political Science*, Vol. 39, No. 2, 2009, pp. 389–412. E. Caldeira, Yardstick Competition in a Federation: Theory and Evidence from China, *China Economic Review*, Vol. 23, No. 4, 2012, pp. 878–897.

块"原则为基础的 M 形组织结构使得各地方政府既能独立发展又能相互开展横向竞争[①]。Zhou 等提出的政治晋升锦标赛则从政治激励的角度出发,认为中国特殊的行政层级和干部人事制度下,地方官员面临的政治激励是中国经济增长奇迹的源泉。[②] Besley 和 Case 提出的"自上而下"标尺竞争的模型认为,中央政府以地方政府提供公共服务相对绩效为依据而进行的奖惩是造成地方政府相互竞争的根源。[③] 因此,在中央政府"财政激励"和"政治激励"下,我国地方官员在区域治理中热衷于激烈的横向竞争。

晋升何以构成一项重要的激励呢? 或者说,从地方官员的角度来看,为什么普遍会将向上擢升作为政治生涯走向的必然选择? 首先,从客观制度环境导致的晋升的必要性来看,我国官僚政治体制呈现典型的"金字塔"式的层级结构,职位越高,晋升空间越小,因而沿着行政层级逐级向上晋升,会面临"僧多粥少"因而"非升即走"的境地;其次,传统"官本位"思想根深蒂固,领导干部退出机制不健全,往往会在政治生涯末期面临"能上不能下、能进不能出"的窘境;最后,从官员主观晋升意愿来看,向上升迁是"理性人"假设下各级政府官员的不二选择,而 65 岁退休年龄造成的天花板效应会进一步强化在任官员的晋升意愿。由此可以看出,政治晋升之所以成为重要的激励,源自于我国干部人事管理制度和行政管理体制的共同影响。

其次,从中央政府的角度来看,选拔任用地方官员的标准何在? 已有研究认为官员在区域治理中的才干和由此带来的政绩是中央选任地方官员的标准所在,[④] 而如何对政绩的具体内涵进行界定,则受制于中央在特定发展阶段的施政重点和政策偏好。1978 年之后,随着以经济建设为中心国家大政方针的提出,围绕 GDP 增长率的地方官员政治晋升锦标赛

① H. Jin, Y. Qian and B. R. Weingast, Regional Decentralization and Fiscal Incentives: Federalism, Chinese Style, *Journal of Public Economics*, Vol. 89, No. 9 – 10, 2005, pp. 1719 – 1742.

② Li H., Zhou L. A., Political Turnover and Economic Performance: the Incentive Role of Personnel Control in China, *Journal of Public Economics*, Vol. 89, No. 9 – 10, 2005, pp. 1743 – 1762.

③ E. Caldeira, Yardstick Competition in a Federation: Theory and Evidence from China, *China Economic Review*, Vol. 23, No. 4, 2012, pp. 878 – 897.

④ 吴建南、马亮:《政府绩效与官员晋升研究综述》,《公共行政评论》2009 年第 2 期。

如火如荼；2005 年，强调全面、协调、可持续的科学发展观指引了政绩观的转向，节能减排、社会稳定、安全生产等领域的指标在政府绩效中的权重不断加大。2013 年，党的十八届三中全会明确提出"完善发展成果考核评价体系，纠正单纯以经济增长速度评定绩效的偏向，加大资源消耗、环境损害、生态效益、产能过剩、科技创新、安全生产、新增债务等指标的权重"，包含安全生产在内的政府若干重点治理领域得到进一步明确。

晋升激励显著影响了地方政府的治理行为和治理效果，这一观点已在地区经济增长[1]、政府财政支出[2]、环境保护[3]、创新扩散[4]、政府目标设置[5]等诸多领域得到基于经验数据的检验。目标考核制度作为一种重要的晋升激励，之所以能够成为破解生产安全事故这一公共治理难题的有效途径，有赖于制度本身与中国政治体制的高度契合。围绕目标任务的绩效考核是地方政府绩效管理在我国的具体实现方式，而目标考核结果的应用又是干部管理制度的关键环节。

目标设置理论（Goal Setting Theory）认为，通过设置目标并将其同奖惩挂钩，可以激发个人动机、团队活力和组织创新，进而提升绩效[6]。在个人层面，当目标对象明确且相对不易完成时，人员动机和组织绩效

---

[1] X. Xu and Y. Gao, Growth Target Management and Regional Economic Growth, *Journal of the Asia Pacific Economy*, Vol. 20, No. 3, 2015, pp. 517 – 534.

[2] G. Guo, China's Local Political Budget Cycles, *American Journal of Political Science*, Vol. 53, No. 3, 2009, pp. 621 – 632.

[3] J. Liang and L. Langbein, Performance Management, High-Powered Incentives, and Environmental Policies in China, *International Public Management Journal*, Vol. 18, No. 3, 2015, pp. 346 – 385.

[4] X. Zhu and Y. Zhang, Political Mobility and Dynamic Diffusion of Innovation: The Spread of Municipal Pro-Business Administrative Reform in China, *Journal of Public Administration Research & Theory*, No. 3, 2015, pp. 1 – 27.

[5] 马亮：《官员晋升激励与政府绩效目标设置——中国省级面板数据的实证研究》，《公共管理学报》2013 年第 2 期。

[6] E. A. Locke and G. P. Latham, A Theory of Goal Setting & Task Performance, *Academy of Management Review*, 1990, pp. 480 – 483. G. P. Latham and E. A. Locke, Self-regulation through Goal Setting, *Organizational Behavior & Human Decision Processes*, Vol. 50, No. 2, 1991, pp. 212 – 247.

会增加；在组织层面，确立明确的组织目标同样有助于组织绩效的提升。[①] 在我国，目标考核制度实现了纵向对上负责和横向区域竞争的结合。[②] 从其实施流程来看，在目标设定与任务履行阶段，安全生产事故结果控制指标任务的层层分解与不断加码强化了上级对下级的有效治理；在目标考核与结果应用阶段，指标考核结果与官员职业生涯走向相关联，从而形成高强度的晋升激励，诱发了同级政府的绩效竞争。[③] 加之，目标考核制度作为一种激励机制能够有效解决中央政府和地方政府在地方治理中的委托—代理问题，委托方中央政府将重点关注的关键事项纳入目标考核范畴，能够有效引导和激励地方政府的治理行为，进而达到激励相容的状态；就代理方地方政府而言，只有提升辖区安全生产治理效果，将生产安全事故指标控制在目标范围内，才能免受处分甚至降职，在政绩考核中有较好的表现。

已有研究基于《中国安全生产年鉴》统计数据和对安全生产监管工作人员的深度访谈，发现目标责任考核中引入的"死亡指标"的确能够引导地方政府关注安全生产工作，由此显著降低了生产安全事故死亡人数。[④] Fisman 的研究发现强制地方官员达到安全事故结果控制指标的"无安全不晋升"政策使非政治关联企业的工人死亡率降低 30%，政治关联企业的死亡率降低 86%；在设置了安全生产目标任务的年份，政治关联企业因工死亡率显著下降，说明加强安全生产监管并强化目标考核的确有利于降低因工死亡率。[⑤] 而 Nie 的研究则表明地方显著降低矿难事故起

① K. Smith, E. Locke and D. Barry, Goal Setting, Planning, and Organizational Performance: An Experimental Simulation, *Organizational Behavior and Human Decision Processes*, Vol. 46, No. 1, 1990, pp. 118 – 134.

② 姜雅婷、柴国荣：《目标考核、官员晋升激励与安全生产治理效果——基于中国省级面板数据的实证检验》，《公共管理学报》2017 年第 3 期。

③ 姜雅婷、柴国荣：《目标考核、官员晋升激励与安全生产治理效果——基于中国省级面板数据的实证检验》，《公共管理学报》2017 年第 3 期。

④ S. C. Hon and G. Jie, Death versus GDP! Decoding the Fatality Indicators on Work Safety Regulation in Post-Deng China, *China Quarterly*, Vol. 210, 2012, pp. 355 – 377.

⑤ R. Fisman and Y. Wang, The Mortality Cost of Political Connections, *The Review of Economic Studies*, Vol. 82, No. 4, 2015, pp. 1346 – 1382.

数和死亡人数的背后机制正在于媒体曝光和官员晋升①。上述分析表明，安全生产目标考核制度将安全生产治理效果与官员晋升相关联，对于改进安全生产治理效果有正向影响。基于以上分析，提出如下研究假设：

H1：安全生产目标考核制度出台后，地方政府安全生产治理效果显著提升。

二 省级官员个人特征与安全生产治理效果

财政分权下，省级政府拥有决定预算外财政资源进而公共支出的自由，从而对辖区内经济社会发展具有一定的自主权②。而政府是官员的集合，政府的整体行为是官员个体行为的加总③，政府行为的特征是官员、特别是一把手官员动机的重要体现，通过对政府官员特征的分析能够有助于理解政府的行为；另外，地方官员对于地方经济发展具有巨大的影响力和控制力，探讨政府的行为逻辑必须落脚于个体的激励体系上④。已有研究将对政府与银行的关系转化为从官员与银行关系的视角出发进行分析，并从任期等官员个人特征的角度分析其对官员行为动机的影响。⑤对于官员政治晋升而言，年龄、任期、来源等个人特征均是影响其晋升预期、进而政治生涯走向的重要变量，并由此影响中央政策的执行力度和实施效果。

具体来看，官员个人特征是官员能力和才干的外在体现，而能力高低本身就是能否得到晋升的重要考量。已有研究将受教育程度和年龄作

---

① H. Nie, M. Jiang and X. Wang, The Impact of Political Cycle: Evidence from Coalmine Accidents in China, *Journal of Comparative Economics*, Vol. 41, No. 4, 2013, pp. 995–1011. R. Jia and H. Nie, Decentralization, Collusion and Coalmine Deaths, *Social Science Electronic Publishing*, Vol. 52, No. 3, 2012, pp. 371–376.

② E. Caldeira, Yardstick Competition in a Federation: Theory and Evidence from China, *China Economic Review*, Vol. 23, No. 4, 2012, pp. 878–897.

③ 钱先航：《官员任期、政治关联与城市商业银行的贷款投放》，《经济科学》2012年第2期。

④ 袁凯华、李后建：《官员特征、激励错配与政府规制行为扭曲——来自中国城市拉闸限电的实证分析》，《公共行政评论》2015年第6期。韩超、刘鑫颖、王海：《规制官员激励与行为偏好——独立性缺失下环境规制失效新解》，《管理世界》2016年第2期。

⑤ 钱先航、曹廷求、李维安：《晋升压力、官员任期与城市商业银行的贷款行为》，《经济研究》2011年第12期。

为官员能力的代理指标，运用 1978—2008 年间省级政府的面板数据，研究发现，在中央提供相同晋升激励的前提下，经济绩效的巨大差异来自于官员的个人差异、特别是在地方治理中能力的差异①。另一方面，官员个人特征决定了官员职业晋升前景的差异②，Holmstorm 提出的职业前景（Career Concerns）理论认为，经理人工作的回报不仅来自于现在获得的工资，而且更多地来自于其将来可能的升迁③。已有研究表明，晋升前景越广阔的官员，越有动力推动区域经济增长④。因此，官员晋升预期的不同会通过影响官员动机进而影响其治理行为和政策执行力度。虽然已有研究对官员个人特征和晋升之间的关系尚未在地域、时期上取得相对一致的结论，但基于个人特征的特定干部选任标准的确存在⑤。最后，不同程度的晋升预期会构成不同的晋升激励，若地方官员拥有较高的晋升预期，会在较高的晋升激励下彰显治理决心、执行中央政策。由此，官员个人特征通过影响其晋升预期，形成不同的晋升激励水平，进而影响官员的治理行为和治理效果。基于以上分析，提出如下研究假设：

H2：省级官员个人特征显著影响地方政府安全生产治理效果。

20 世纪 80 年代我国干部人事管理制度进行了一系列大刀阔斧的改革，开始逐渐废除领导干部职务终身制，引入任期制和年龄限制，强调领导干部年轻化。1982 年《中华人民共和国宪法》明确规定"中华人民共和国主席、副主席、国务院总理、副总理、国务委员每届任期五年，连续任职不得超过两届"。1982 年党的十二大规定"党的各级领导干部，无论是由民主选举产生的，或是由领导机关任命的，他们的职务都不是

① 王贤彬、徐现祥：《官员能力与经济发展——来自省级官员个体效应的证据》，《南方经济》2014 年第 6 期。姚洋、张牧扬：《官员绩效与晋升锦标赛——来自城市数据的证据》，《经济研究》2013 年第 1 期。

② 王贤彬、徐现祥：《地方官员来源、去向、任期与经济增长——来自中国省长省委书记的证据》，《管理世界》2008 年第 3 期。

③ 徐现祥、李郇、王美今：《区域一体化、经济增长与政治晋升》，《经济学》（季刊）2007 年第 4 期。B. Holmstrom and P. Milgrom, The Firm as an Incentive System, *American Economic Review*, Vol. 84, No. 4, 1994, pp. 972 – 991.

④ 王贤彬、徐现祥：《官员能力与经济发展——来自省级官员个体效应的证据》，《南方经济》2014 年第 6 期。

⑤ 吴建南、马亮：《政府绩效与官员晋升研究综述》，《公共行政评论》2009 年第 2 期。

终身的，都可以变动或解除"。干部职务终身制的彻底废除以 2006 年《党政领导干部职务任期暂行规定》《党政领导干部交流工作规定》《党政领导干部任职回避暂行规定》三个文件的正式出台为标志，明确规定各级领导机关正职领导干部，在同一职位上连续任职达到两个任期，不再担任同一职务；担任同一层次领导职务累计达到 15 年的，不再担任同一层次领导职务。2018 年《中华人民共和国宪法修正案》规定"中华人民共和国主席、副主席每届任期同全国人民代表大会每届任期相同"。由此，年龄和任期是影响地方官员晋升的重要因素。

干部人事管理制度将年龄限制（Age Limit）、固定任期（Stable Tenure）和逐级稳步升迁（Step-by-step）作为指导原则，而此种情形下，很难在年龄和任期限制内依照规定动作升迁，因此，为了破解因年龄超限而导致政治生涯止步的"天花板现象"，地方官员往往通过"共青团途径"、"挂职锻炼"和"破格提拔"等方式得到升迁，这进一步证实了年龄对于晋升的影响。[1] 浙江省 202 位地级市、县的党政一把手中，超过一半的地方干部在晋升时面临因年龄限制而造成的"天花板"。[2] 已有研究基于 1978—2010 年省市两级面板数据，以 GDP 年增长率等潜在考核指标以及官员个人特征等作为解释变量，官员升迁作为被解释变量，研究发现省委书记年龄每增长一岁，晋升概率下降 0.41%，离职概率上升 0.47%，[3] 因此年龄越小的官员会拥有更好的职业前景和晋升激励。任期制和退休制下，年龄通过影响官员的政治晋升预期影响其贯彻中央政策的力度。随年龄增长，地方官员晋升空间愈发有限，此时官员的晋升努力会不断降低，[4] 国企中"59 岁现象"在省级官员中同样存在，即将离任的官员由于晋升无望，往往遵循"站好最后一班岗"的底线思维，推

---

① C. W. Kou and W. H. Tsai, " Sprinting with Small Steps" Towards Promotion: Solutions for the Age Dilemma in the CCP Cadre Appointment System, *China Journal*, Vol. 71, No. 71, 2014, pp. 153 - 171.

② 高翔：《最优绩效、满意绩效与显著绩效：地方干部应对干部人事制度的行为策略》，《经济社会体制比较》2017 年第 3 期。

③ 乔坤元：《我国官员晋升锦标赛机制的再考察——来自省、市两级政府的证据》，《财经研究》2013 年第 4 期。

④ 刘佳、吴建南、马亮：《地方政府官员晋升与土地财政——基于中国地市级面板数据的实证分析》，《公共管理学报》2012 年第 2 期。

动区域经济发展的动力相对不足。[①] 徐现祥和王贤彬基于 1978—2006 年省级领导的晋升数据发现地方官员致力于促进辖区经济增长的行为并非绝对而是有条件的，政治激励的作用会随年龄增大而减小。[②] 袁凯华的研究认为年龄越大的官员越倾向于在完成上级下达的节能减排任务时选择类似拉闸限电等短视政策。[③] 在安全生产领域，聂辉华以 1995—2005 年省级国有重点煤矿死亡事故样本，通过"主管安全生产副省长任现职时是否超过 50 岁"作为识别政企合谋的指标之一，发现政企合谋是导致煤矿死亡率的主要原因。[④]

通过对文献的梳理，在测度年龄对于官员晋升进而政策绩效的影响时，年龄的绝对数值固然重要，但其在换届年份的实际年龄与 65 岁退休年龄的差距这一相对年龄的影响更为直观。[⑤] 官员在换届年份的实际年龄作为其政治生涯发展预期的重要依据，相对年龄差表征了在换届年份和退休年龄相对固定的前提下官员的晋升可能性空间，也由此决定了其愿意为不同晋升预期付出的不同努力程度。相对年龄差距越大，官员越年轻，会不遗余力地为日后晋升积累更多的政绩资本，因而越有动力以高绩效来回应中央政府的目标考核。基于上述分析，提出如下研究假设：

H2 - 1：省级官员相对年龄差与安全生产治理效果呈正相关关系，即相对年龄差越大的地方官员，安全生产治理效果越好。

2006 年《党政领导干部职务任期暂行规定》将党政领导职务任期明确为 5 年，若"党政领导干部在同一职位上连续任职达到两个任期，不

---

① 王贤彬、徐现祥、李郇：《地方官员更替与经济增长》，《经济学》（季刊）2009 年第 4 期。

② 徐现祥、王贤彬：《晋升激励与经济增长：来自中国省级官员的证据》，《世界经济》2010 年第 2 期。

③ 袁凯华、李后建：《官员特征、激励错配与政府规制行为扭曲——来自中国城市拉闸限电的实证分析》，《公共行政评论》2015 年第 6 期。

④ R. Jia and H. Nie, Decentralization, Collusion and Coalmine Deaths, *Social Science Electronic Publishing*, Vol. 52, No. 3, 2012, pp. 371 - 376.

⑤ J. Liang and L. Langbein, Performance Management, High-Powered Incentives, and Environmental Policies in China, *International Public Management Journal*, Vol. 18, No. 3, 2015, pp. 346 - 385. 王贤彬、徐现祥：《地方官员来源、去向、任期与经济增长——来自中国省长省委书记的证据》，《管理世界》2008 年第 3 期。

再推荐、提名或者任命担任同一职务"。对 1993—2011 年间 898 位市委书记的任期进行统计，发现其平均任期仅为 3.8 年，而对于产出效果无法立竿见影的政策而言，较短的任期会大大削弱官员投入资源与努力的积极性，[①] 进而产生短视行为。随着任期进入尾声，尽管升迁机会渺茫，[②] 为了能赶上晋升的末班车，官员往往会全力争取最后的晋升机会，此时政治晋升激励的作用会增加。[③] 基于此，发现任期对于官员行为的影响并非是简单的线性关系。已有研究表明，官员往往在任期的中间阶段集中开支于能见度高、可量化的政绩工程上，官员任期内政府开支呈倒 U 形曲线，[④] 倒 U 形关系在省级官员任期与经济增长之间同样存在。[⑤] 在安全生产领域，由于安全生产治理是一项需要长期投入的系统工程，因而官员任期内年龄对于治理效果的影响同样显著。聂辉华使用 2000 年 7 月—2010 年 6 月国家安全监管总局披露的各省月度矿难数据检验两会等政治周期对矿难的影响，分析表明，主管安全的副省长在任期第四年时，政治周期对死亡人数的影响会进一步增强。[⑥] 此外，聂辉华的另一项研究将"主管安全生产副省长是否在任期第 5 年"作为识别政企合谋的指标之一，研究发现政企合谋是导致煤矿死亡率的主要原因，以上成果证实了

①　S. Eaton and G. Kostka, Authoritarian Environmentalism Undermined? Local Leaders' Time Horizons and Environmental Policy Implementation, *The China Quarterly*, Vol. 218, No. 1, 2014, pp. 359 - 380.

②　乔坤元：《我国官员晋升锦标赛机制的再考察——来自省、市两级政府的证据》，《财经研究》2013 年第 4 期。J. Chen, D. Luo, G. She and Q. W. Ying, Incentive or Selection? A New Investigation of Local Leaders' Political Turnover in China, *Social Science Quarterly*, Vol. 98, No. 1, 2016, pp. 341 - 359.

③　徐现祥、王贤彬：《晋升激励与经济增长：来自中国省级官员的证据》，《世界经济》2010 年第 2 期。张军、高远：《官员任期、异地交流与经济增长——来自省级经验的证据》，《经济研究》2007 年第 11 期。

④　G. Guo, China's Local Political Budget Cycles, *American Journal of Political Science*, Vol. 53, No. 3, 2009, pp. 621 - 632.

⑤　王贤彬、徐现祥：《中国地方官员经济增长轨迹及其机制研究》，《经济学家》2010 年第 11 期。王贤彬、徐现祥：《地方官员来源、去向、任期与经济增长——来自中国省级省委书记的证据》，《管理世界》2008 年第 3 期。张军、高远：《官员任期、异地交流与经济增长——来自省级经验的证据》，《经济研究》2007 年第 11 期。

⑥　聂辉华、蒋敏杰：《政企合谋与矿难：来自中国省级面板数据的证据》，《经济研究》2011 年第 6 期。

任期对于安全生产监管效果的影响，这证实了官员年龄对于安全生产治理效果的影响。[①]

因此，在中央和上级政府激励结构与考核标准既定的前提下，有限的任期区间决定了官员会综合考量个人晋升意愿与客观晋升条件，随任期增加而适时调整自身晋升努力程度。而作为目标考核内容的安全生产治理效果作为重要的晋升激励，也会受到官员任期的影响。随着任期的增加，官员往往倾向于投入更多的资源和成本，改善安全生产治理效果，以高绩效获得中央政府的关注；当任期即将结束的时候，由于晋升几率的下降，官员会遵循底线思维，设定较为保守的安全生产治理绩效目标。由此，假设地方官员任期与安全生产治理绩效呈倒 U 形的曲线关系，提出如下假设：

H2-2：省级官员任期长短与安全生产治理效果呈倒 U 形曲线关系，官员任期中间阶段安全生产治理效果更好。

不同来源的地方官员往往具有不同的升迁预期和相应的晋升策略，且不同来源的官员会对组织绩效造成影响。[②] 中国社会科学院对 120 个村乡镇党委书记的调查数据分析表明，与本地乡镇党委书记相比，外派书记所辖乡镇会发生更多的上访和群体性事件，这是由于其一般会很快调任或升任，因而多会奉行短期主义和权宜之计，而本地书记则会从长计议考虑如何从长期维护地区社会的稳定。而当外派书记和本地镇长搭班子时，本地镇长会在一定程度上制衡外派书记，上访和群体性事件数量并不突出。[③] 对 31 个省份 1999—2011 年官员晋升激励与政府绩效目标设置关系的研究表明，本地升迁的政府官员往往会设置较高的预期经济增

① R. Jia and H. Nie, Decentralization, Collusion and Coalmine Deaths, *Social Science Electronic Publishing*, Vol. 52, No. 3, 2012, pp. 371-376.

② N. Petrovsky, O. James and G. A. Boyne, New Leaders' Managerial Background and the Performance of Public Organizations: The Theory of Publicness Fit, *Journal of Public Administration Research and Theory*, Vol. 25, No. 1, 2015, pp. 217-236.

③ N. Petrovsky, O. James and G. A. Boyne, New Leaders' Managerial Background and the Performance of Public Organizations: The Theory of Publicness Fit, *Journal of Public Administration Research and Theory*, Vol. 25, No. 1, 2015, pp. 217-236.

长目标。① 就安全生产治理而言，本地升迁的官员更有动力致力于推动辖区经济发展，而对安全生产治理的投入相对薄弱，加之本地升迁的官员更可能存在政企合谋的风险。② 已有研究将"主管安全生产的副省长是否本地人"作为政企合谋的测量指标之一，发现本地来源的副省长显著增加了国有重点煤矿的死亡率，这一结论对事故频发的"政企合谋论"形成了支持;③ 由于中央调任的官员大多意在锻炼干部，且面临更高的晋升预期，因而并不倾向于在促进辖区经济发展中做足功夫，反而会积极响应中央政策和精神，在安全生产治理中投入更多的努力，以降低被问责的风险，从而在调任结束后顺利晋升。基于以上分析，提出如下研究假设：

H2-3：省级官员来源影响安全生产治理效果。

H2-3a：本地升迁的官员所辖省（区、市）事故水平更高，安全生产治理效果不及参照组官员。

H2-3b：与参照组官员相比，中央调任的官员所辖省（区、市）安全生产治理效果更好。

三 安全生产目标考核制度治理效果的时间效应

已有研究表明，随着时间的推移，政府出台某项政策的长期效应呈现不同的特征，农村税费改革④、省直管县改革⑤、环保目标责任考核⑥

① 马亮：《官员晋升激励与政府绩效目标设置——中国省级面板数据的实证研究》，《公共管理学报》2013 年第 2 期。

② 李双燕、万迪昉、史亚蓉：《公共安全生产事故的产生与防范——政企合谋视角的解析》，《公共管理学报》2009 年第 2 期。

③ R. Jia and H. Nie, Decentralization, Collusion and Coalmine Deaths, *Social Science Electronic Publishing*, Vol. 52, No. 3, 2012, pp. 371-376.

④ 周黎安、陈烨：《中国农村税费改革的政策效果：基于双重差分模型的估计》，《经济研究》2005 年第 8 期。

⑤ 刘佳、马亮、吴建南：《省直管县改革与县级政府财政解困——基于 6 省面板数据的实证研究》，《公共管理学报》2011 年第 3 期。

⑥ 吴建南、徐萌萌、马艺源：《环保考核、公众参与和治理效果：来自 31 个省级行政区的证据》，《中国行政管理》2016 年第 9 期。

和效能建设①等其效果均表现出边际效益递减的趋势。安全生产治理是一项长期的系统工程，治理效果的可持续有赖于人力、物力、财力的长期投入，而最为根本的则是安全生产技术的进步以及观念的不断提升，因而安全生产目标考核制度实施效果存在时间上的变化趋势。一方面，随着目标考核制度的逐步推行，其对地方官员的强力激励作用会逐渐递减，地方政府会设置保底目标以应对中央考核；另一方面，地方政府会从长远角度寻找遏制生产安全事故的治本之策，从源头入手化解安全生产考核逐级发包、层层加码的目标重压。基于以上分析，提出以下具有竞争性的假设：

H3－1：安全生产目标考核制度对地方政府安全生产治理效果的作用随时间推移呈现递减趋势。

H3－2：安全生产目标考核制度对地方政府安全生产治理效果的作用随时间推移呈现递增趋势。

本章旨在为官员晋升激励下安全生产目标考核制度的实施效果提供经验证据。如第一章第二节所述，目标考核制度本身就是一种晋升激励，省级官员个人特征是其晋升预期的重要体现，而"理性人"假设下，晋升预期决定了地方官员会在地方治理中付出多少努力，因而会形成不同水平的晋升激励。基于此，本章的论证逻辑包括两个层面：（1）分析目标考核制度出台对安全生产治理效果的主效应；（2）加入省级官员个人特征，进一步检验目标考核制度对治理效果的影响。本章研究假设如表4—2所示，研究模型在图4—3中呈现。

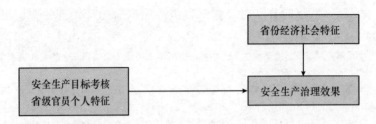

图4—3　晋升激励下安全生产目标考核制度的治理效果实证模型

---

① 吴建南、胡春萍、张攀、王颖迪：《效能建设能改进政府绩效吗？——基于30省面板数据的实证研究》，《公共管理学报》2015年第3期。

表4—2　　　　　安全生产目标考核制度的治理效果研究假设

假设类别	序号	研究假设
安全生产目标考核制度与安全生产治理效果	H1	安全生产目标考核制度实施后，地方政府安全生产治理效果显著提升
省级官员个人特征与安全生产治理效果	H2－1	省级官员相对年龄差与安全生产治理效果呈正相关关系，即相对年龄差越大的地方官员，安全生产治理效果越好
	H2－2	省级官员任期长短与安全生产治理效果呈倒 U 形曲线关系，官员任期中间阶段安全生产治理效果更好
	H2－3	省级官员来源影响安全生产治理效果
	H2－3a	本地升迁的官员所辖省（区、市）事故水平更高，安全生产治理效果不及参照组官员
	H2－3b	与参照组官员相比，中央调任的官员所辖省（区、市）安全生产治理效果更好
安全生产目标考核制度治理效果的时间效应	H3－1	安全生产目标考核制度对地方政府安全生产治理效果的作用随时间推移呈现递减趋势
	H3－2	安全生产目标考核制度对地方政府安全生产治理效果的作用随时间推移呈现递增趋势

第三节　研究方法

一　样本选取与数据来源

本书第一章第四节已对聚焦于省级政府安全生产治理的原因进行了初步分析。选取省级政府作为研究对象，既有其必然性，也有可行性。从必然性的角度来看，在现有制度框架下，省级政府拥有地方经济社会发展一定的自主权，能够通过出台地方政策法规的方式辖区重大发展战略、人事安排和资源配置，[①] 特别是在中央政绩考核标准下，省级政府能

---

① 江克忠：《财政分权与地方政府行政管理支出——基于中国省级面板数据的实证研究》，《公共管理学报》2011 年第 3 期。江克忠、夏策敏：《财政分权背景下的地方政府预算外收入扩张——基于中国省级面板数据的实证研究》，《浙江社会科学》2012 年第 8 期。杨良松、庞保庆：《省长管钱？——论省级领导对于地方财政支出的影响》，《公共行政评论》2014 年第 4 期。

够在经济增长绩效和需要让渡部分经济增长绩效的安全生产治理、节能减排治理之间进行战略上的权衡，从顶层设计入手对经济社会大政方针进行宏观上的把控，而这也在一定程度上回应了省级政府对于辖区安全生产工作所承担的治理责任。从可行性的角度来看，省级层面安全生产治理效果的数据公开可得，同时兼具横截面和时间序列特征，面板数据能够充实制度效果实证研究的因果论证。

另一方面，在地方行政首长负责制[①]下，省长作为省级政府一把手，全面负责全省上下各项工作，而省委书记主要负责谋篇布局，较少参与具体行政事务。对于政府安全生产治理而言，省长能够最大限度地发挥一把手效应，通过对区域内资源配置、人事安排等施加影响，间接作用于安全生产治理效果。同时，尽管安全生产主管领导的治理理念对于当地安全生产治理效果影响重大，但安全生产治理需要地方政府对本地经济发展效益做出一定的让渡，这一事关地方发展战略的重大决策依旧由省委常委会和省政府常委会集体确定。加之，一把手效应与行政首长问责制进一步强化了省级正职领导的治理责任，故本书将各省（区、市）省长（自治区主席、直辖市市长）作为研究对象，搜集中国 30 个省级政府（不含香港、澳门和西藏）2001—2012 年间的面板数据，实证分析安全生产目标考核制度的实施效果。

数据来源方面，被解释变量安全生产治理效果的相关数据来源于各年度《中国安全生产年鉴》、《中国煤炭工业年鉴》、各省（区、市）安全生产监督管理局官方网站以及各省份各年度《国民经济和社会发展统计公报》。其中，《中国安全生产年鉴》由国家安全生产监督管理总局政策法规司组织编写、煤炭出版社出版，是对我国各年度安全生产工作的成绩、问题、政策文件和典型事故等的全面反映，其中"全国事故统计资料"部分是国家层面对生产安全事故的权威统计；《中国煤炭工业年鉴》由国家煤矿安全监察局主编，是对我国历年煤炭工业发展状况的全景式整理，其中"煤矿安全"部分详细统计了各地煤矿事故的相关数据。省级官员个人特征数据来自人民网党政领导干部资料库[②]，对因年代久远

---

① 宋涛：《中国地方政府行政首长问责制度分析》，《当代中国政治研究报告》2007 年。

② 资料来源：中国领导干部资料库，http://cpc.people.com.cn/gbzl/index.html。

或官员违纪等原因未收录至上述资料库的省级官员，辅之以百度百科进行查询。省份经济社会特征数据来自于《中国统计年鉴》《新中国60年统计资料汇编》和中经网统计数据库。所有数据均来自公开可得的官方来源，同时，依托以上数据来源的已有研究不乏高质量的成果，进一步确保了本书的可信度。

二　变量测量

（一）解释变量

第一，安全生产目标考核制度的出台。

计量经济学中通常采用设置制度或改革出台与否二分变量的方法衡量某项制度或改革的实施效果，这一方法不仅适用于政策在不同地区非同步实施的情形，对政策在所有地区同步施行的情形同样适用，① 因而在环保考核效果评价②③、农村税费改革效果评价④等方面应用广泛。

2004年，《国务院关于进一步加强安全生产工作的决定》明确提出"从2004年起，国家向各省（区、市）人民政府下达年度安全生产各项控制指标，并进行跟踪检查和监督考核"。本书将安全生产控制指标出台（Target）设置为虚拟变量，由于制度效果产生存在一定的滞后性，故以2005年为分界点，将安全生产控制指标出台之后所有年份（2005—2012）均取值为1，出台当年及之前的其他年份（2001—2004）取值为0。

第二，省级官员个人特征。

---

① 设置实施前和实施后的二分变量来检验在不同地区同步实施的某项政策或改革的效果，存在由于解释变量测量粗糙而带来的局限性。基于此，笔者试图在测量方法可行的前提下，通过面板数据运用、关键控制变量选取、稳健性检验等环节实现对因果关系的充分论证。

② J. Liang and L. Langbein, Performance Management, High-Powered Incentives, and Environmental Policies in China, *International Public Management Journal*, Vol. 18, No. 3, 2015, pp. 346 – 385.

③ 吴建南、徐萌萌、马艺源：《环保考核、公众参与和治理效果：来自31个省级行政区的证据》，《中国行政管理》2016年第9期。

④ 吴海涛、丁士军、李韵：《农村税费改革的效果及影响机制——基于农户面板数据的研究》，《世界经济文汇》2013年第1期。

对官员相对年龄差的测量借鉴 Liang 的研究,[1] 先计算省长在即将到来的全国人民代表大会年份的年龄（Age），再用 65 岁减去上述年龄即得到官员的相对年龄差（Reage）。

对官员任期（Tenure）的测量采用官员实际的任职年数，遵循已有研究惯例[2]，若省长在当年 6 月份及以前任职，自当年起计算任期；若在7 月份及之后任职，自次年起计算任期。由于假设提出官员任期长短与安全生产治理效果呈倒 U 形曲线关系，故在模型中加入任期平方（Tenure2）变量。

省级官员来源主要分为以下三种：外地调任、本地升迁、中央调任。由于前文并未对外地调任官员提出相对明确的研究假设，故以外地调任官员为参照组，分别设置本地升迁（Local）和中央调任（Central）虚拟变量。

（二）被解释变量：安全生产治理效果三维测量体系

如前所述，安全生产治理效果是指各方主体在防范、减少生产安全事故、改善安全生产状况方面所取得的成效。对安全生产治理效果的测量需要立足我国安全生产状况考核实际，通过事故发生状况这一逆向指标予以实现。同时，本书对制度实施效果的测量需要事故指标既有可比性也有持续性，即既要横向可比，也要形成时间序列。

第一，事故总量控制指标。

2004 年，国务院安全生产委员会确定由工矿商贸事故死亡人数、煤矿事故死亡人数和百万吨煤死亡率为考核指标，亿元 GDP 死亡率、十万人死亡率和工矿商贸十万从业人员死亡率为备案指标的安全生产控制指标体系。随着安全生产控制指标体系的不断完善，指标类型从以绝对指标为主到绝对指标和相对指标共同构成。其中相对指标用来反映死亡人数与产出的比例，能够反映政府热衷于 GDP 增长的死亡成本，对

---

① J. Liang and L. Langbein, Performance Management, High-Powered Incentives, and Environmental Policies in China, *International Public Management Journal*, Vol. 18, No. 3, 2015, pp. 346 – 385.

② 马亮：《官员晋升激励与政府绩效目标设置——中国省级面板数据的实证研究》，《公共管理学报》2013 年第 2 期。张军、高远：《官员任期、异地交流与经济增长——来自省级经验的证据》，《经济研究》2007 年第 11 期。

于人口、经济、政府能力迥异的不同省份，相对指标提供了安全生产绩效横向比较依据。[①] 已有对中国企业高管的政治关联与工人死亡率之间关系的研究中同样以绝对死亡人数和相对死亡率两类指标衡量事故死亡状况。[②]

第二，关键环节：重特大事故指标。

除对死亡率和死亡人数等指标总量上的控制外，对重特大事故的防范历来是我国安全生产工作的关键环节和重点任务。这是由于重特大事故的发生反映了治理积弊和监管漏洞、责任缺失，往往产生于安全风险大的行业领域和薄弱环节，并呈现一定的规律性，对这些领域的安全治理需要在总结规律的基础上，进行长期制度、技术和管理措施的投入；加之，重特大事故损失巨大，互联网时代下重特大事故的社会影响极易发酵，从而形成负面的舆论导向，危及政府公信力。再者，除了从总量上对事故结果控制指标的总量上的把控外，对重特大事故的问责往往是事故问责最为直观的表现。本书第一章对近年来几起重特大事故的行政问责进行了梳理。由此不难发现，对重特大事故发生状况的关注，是刻画安全生产治理效果的重要组成。

第三，重点领域：煤矿安全指标。

煤矿安全是安全生产治理的重点领域。我国是最大的煤生产国和消费国，然而21世纪初频频发生的矿难使得地方发展提出不要"带血的GDP"的口号，可见，煤矿工业最为直观地体现了经济发展与安全生产之间存在的冲突，体现了晋升激励下地方官员的政绩观念和发展导向。因此，对安全生产治理效果的测量需要考虑煤矿安全这一安全治理重点领域，通过矿难事故起数、死亡人数、死亡率等揭示煤矿产业的安全治理状况。

基于以上分析，在对被解释变量安全生产治理效果的测量中，本书力图全面分析绝对指标与相对指标两个层面，在考察事故总量控制指标

[①] S. C. Hon and G. Jie, Death versus GDP! Decoding the Fatality Indicators on Work Safety Regulation in Post-Deng China, *China Quarterly*, Vol. 210, 2012, pp. 355 – 377.

[②] R. Fisman and Y. Wang, The Mortality Cost of Political Connections, *The Review of Economic Studies*, Vol. 82, No. 4, 2015, pp. 1346 – 1382.

的同时，兼顾重特大事故这一关键环节和煤矿安全这一重点领域，从而形成安全生产治理效果三维测量体系，安全生产治理效果三维测量体系如图4—4所示。

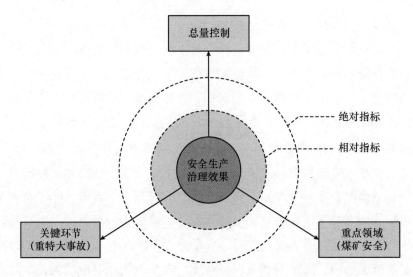

图4—4　安全生产治理效果三维测量体系

通过对2001—2012年《中国安全生产年鉴》、《中国煤矿工业年鉴》事故统计资料的查阅和分析，结合数据的可得性、可比性，本书试图通过以下指标具体测量安全生产治理效果：

首先，选取工矿商贸企业生产事故①死亡人数（Deaths）和亿元GDP工矿商贸事故死亡率（Rategdp）②两个代理指标衡量安全生产治理效果。为保证正态分布，对死亡人数取对数（lnDeaths）；其次，选取死亡人数在10人以上的重大事故起数（Sever 10）和是否发生死亡人数在30人以上的特大事故（Sever 30）两个代理指标对重特大事故治理状况进行测量；最后，选取煤矿事故起数（CoalAccident）、煤矿事故死亡人数（CoalDeaths）、百万吨煤死亡率（CoalRate）三个代理指标对煤矿事故治

---

① 工矿商贸企业生产安全事故包括煤矿事故、金属与非金属矿事故、房屋建筑及市政工程事故、危险化学品事故、烟花爆竹事故和特种设备事故。

② 以下简称为"死亡人数"和"死亡率"。

理进行测量。特别地，在 30 个省（区、市）的全样本中，由于天津市、上海市、海南省不产煤，2006 年广东省煤炭产业清零[①]，因此在对煤矿事故治理的检验中对上述地区进行了剔除。《中国煤炭工业年鉴》自 2007 年起不再汇总分省份煤矿安全统计数据，故从数据可得性和可比性的角度考虑，选取 2001—2006 年间 26 个省份的面板数据，观测点共计 156 个。由于各省份各年度煤矿事故起数和死亡人数变异较大，因此分别对其取对数处理（lnCoalAccident、lnCoalDeaths）。

（三）控制变量

我国幅员辽阔，不同地域经济社会特征差异巨大。具体而言，人口规模、经济发展水平和产业结构等都可能影响安全生产治理水平。遵循已有研究惯例，需要在模型中对其予以控制，以剔除其他可能干扰被解释变量的因素的影响。

第一，人口规模。

为控制人口规模对安全生产治理效果的影响，在模型中加入辖区年末人口数量（Population）。鉴于变量数值较大，为保证正态分布，对各省份年末人口总量取对数（lnPop）。

第二，经济发展水平。

已有研究表明，人均 GDP 在 1000—3000 美元时是事故高发期，[②] 说明了经济发展与事故水平之间的存在潜在的关联。相较于落后地区，经济发展水平越高的地区，越有资源和能力进行安全生产治理。而相反的观点也有可能成立，即经济发展水平越高的地区，经济增长背后的死亡成本越高。为控制经济增长对安全生产治理效果的影响，加入辖区人均 GDP 进行控制，并以 2001 年为基年对历年人均 GDP 做平减化处理；为保证正态分布，对人均 GDP 取对数（lnGDP）。

第三，产业结构。

由于煤矿事故在工矿商贸生产安全事故中所占比重最大，[③] 而较之于

---

① 新浪网：《广东最后十家煤矿关闭，全省全面退出产煤行业》，2006 年 6 月 12 日，http: //news. sina. com. cn/c/2006 - 06 - 12/14369185099s. shtml，2018 年 2 月 10 日。

② 陈振明：《中国应急管理的兴起——理论与实践的进展》，《东南学术》2010 年第 1 期。

③ 自 2009 年起，《中国安全生产年鉴》除对工矿商贸企业事故死亡人数进行统计外，对占工矿商贸企业事故比重最大的煤矿事故死亡人数同时予以披露。

不产煤省份、产煤量低或露天开采省份，以地下开采为主的其他重点产煤省份往往更容易发生矿难，从而可能影响安全生产治理效果。因此需要设置以地下开采为主的重点产煤省份虚拟变量（Coal），借鉴 Nie[1] 的样本选取方式，对天津、上海、海南等不产煤省份以及广西、江苏、浙江、湖北、宁夏、青海、山东、内蒙古和新疆等产煤量低或露天开采的省份进行了控制，从而尽可能降低估计偏误。

第四，中央明确规定的特殊目标年份的影响。

已有研究关注两会、春运等极具中国特色的周期性事件对矿难的影响，结果表明地方两会显著降低了矿难起数和死亡人数，平均降幅分别达到18%和30%，[2] 初步印证了政治周期与安全生产治理效果之间的关联。除政治周期外，本书进一步考虑压力型体制下中央政策明确规定的安全生产工作目标年份的影响，《国务院关于进一步加强安全生产工作的决定》规定"到2007年，建立起较为完善的安全生产监管体系，全国安全生产状况稳定好转，……，工矿企业事故死亡人数、煤矿百万吨死亡率、道路交通运输万车死亡率等指标均有一定幅度的下降。到2010年，全国安全生产状况明显好转，重特大事故得到有效遏制，各类生产安全事故和死亡人数有效大幅度的下降。"加之2010年是第一个安全生产五年规划的收官之年，《国务院办公厅关于印发安全生产"十一五"规划的通知》明确提出"到2010年，亿元国内生产总值生产安全事故死亡率比2005年下降35%以上，工矿商贸就业人员十万人生产安全事故死亡率比2005年下降25%以上，一次死亡10人以上特大事故起数比2005年下降20%以上"的目标任务，故在模型中设置特殊目标年份虚拟变量（TargetYear），2007年和2010年取值为1，其余年份取值为0。

按照研究惯例，本书同时控制了区域效应，以中部为参照组分别设

① H. Nie, M. Jiang and X. Wang, The Impact of Political Cycle: Evidence from Coalmine Accidents in China, *Journal of Comparative Economics*, Vol. 41, No. 4, 2013, pp. 995 – 1011.

② H. Nie, M. Jiang and X. Wang, The Impact of Political Cycle: Evidence from Coalmine Accidents in China, *Journal of Comparative Economics*, Vol. 41, No. 4, 2013, pp. 995 – 1011.

置了西部（WEST）和东部（EAST）①两个区域虚拟变量。同时，以
2001年为参照组设置2002—2012十一个时间虚拟变量。表4—3梳理了
本书所涉及各主要变量及其数据来源。

表4—3　　　　　　　　　　　　主要变量与数据来源

变量类型	变量名称	变量定义与测量	数据来源
被解释 变量	安全生产 治理效果	工矿商贸企业事故 死亡人数	工矿商贸企业年生产安全事故 死亡总人数，取对数	《中国安全生产年鉴》 《中国煤炭工业年鉴》 各省安全监督管理局 官网 《国民经济和社会 发展统计公报》
		工矿商贸亿元 GDP事故死亡率	工矿商贸企业年生产安全事故 死亡总人数/工矿商贸企业亿 元GDP	
		重大事故起数	各省份各年度死亡10人以上的 重大事故起数	
		是否发生特大事故	是否发生死亡30人以上的特大 事故	
		煤矿事故起数	煤矿企业生产安全事故起数， 取对数	
		煤矿事故死亡人数	煤矿企业生产安全事故死亡人 数，取对数	
		百万吨煤死亡率	煤矿企业生产安全事故死亡人 数/百万吨煤产量	
解释变量	目标考核 制度出台	直接效应	虚拟变量。2005年之前取值为 0，2005年及之后取值为1	作者自行编码
		持续效应	虚拟变量。2004年之前取值为 0，当处于考核第i年时取值为 i，2004—2012年分别取值为 1—9	作者自行编码

---

① 按照国家统计局的划分标准，我国东部地区包括北京、天津、河北、辽宁、上海、江
苏、浙江、福建、山东、广东、海南11个省（市）；中部地区包括山西、吉林、黑龙江、安徽、
江西、河南、湖北、湖南8个省；西部地区包括内蒙古、广西、重庆、四川、贵州、云南、西
藏、陕西、甘肃、青海、宁夏、新疆12个省（市、自治区）。

变量类型	变量名称		变量定义与测量	数据来源
解释变量	省级官员个人特征	相对年龄差	官员在即将到来的全国人大年份的年龄与65岁退休年龄的差	人民网党政领导干部资料库
		任期	官员任职实际年数，若官员在当年6月份及以前任职，自当年起计算任期；若在7月份及之后任职，自次年起计算任期	
		来源	虚拟变量。外地调任为参照组，设置本地升迁和中央调任虚拟变量	
控制变量	人口规模		辖区年末人口总量对数	《中国统计年鉴》《新中国60年统计资料》中经网统计数据库
	人均GDP		辖区人均GDP对数，以2001年为基期进行平减化处理	
	以地下开采为主的重点产煤省份		虚拟变量。不产煤、产煤量低或露天开采煤炭的省份取值为0，其余重点产煤省份取值为1	参考已有研究自行编码
	关键目标年份		虚拟变量。2007年和2010年取值为1，其余年份取值为0	作者自行编码
区域			虚拟变量。中部为参照组	——
时间			虚拟变量。2001年为参照组	——

三 假设检验方法

本章试图对晋升激励下安全生产目标考核制度的治理效果进行实证检验，按照上文所述安全生产治理效果三维测量体系，回归分析的部分需要依次以总量控制指标、重特大事故指标和煤矿安全指标为被解释变量进行检验和分析。鉴于数据可得性，目标考核制度对总量控制指标和重特大事故指标的影响基于2001—2012年30个省份的面板数据，共计360个观测点；目标考核制度对煤矿安全指标的影响基于2001—2006年26个省份的面板数据进行，共计156个观测点。面板数据需要同时考虑横向截面和纵向时序的变化,① 其常用的估计策略有混合回归、固定效应和随机效应，本书试图通过 F 检验、LM 检验和 Hausman 检验确定效率最高的估计方法。

此外，当被解释变量为重大事故起数（Sever10）时，因其具有正整数的计数数据（Count Data）特征，故传统的 OLS 回归不再适用，应在泊松回归（Poisson Regression）和负二项回归（Negative Binomial Distribution）中选择效率最高的估计方法，并通过 Haunsman 检验在混合回归、随机效应与固定效应中进行选择；当被解释变量为是否发生特大事故（Sever30）这一二分变量（Binomial Dummy Variable）时，需运用面板二值选择模型的相应估计方法进行估计，面板二值数据选择模型的主要估计方法同样包括混合回归、随机效应与固定效应，而选择最高效率检验方法的 LM 检验和 Haunsman 检验依然适用。表4—4 对本章所涉及的几种假设检验方法和相应的 Stata 命令进行了梳理，所有分析均使用 STATA14.0 统计分析软件完成。

表4—4　　　　　　　　本章所涉及的几种假设检验方法

待检验关系	被解释变量类型	估计方法	Stata 主命令
目标考核制度出台—重大事故起数 目标考核制度出台—煤矿事故起数	计数数据	负二项回归	xtnbreg
目标考核制度出台—是否发生特大事故	二分哑变量	Logit 回归	xtlogit
目标考核制度出台—亿元 GDP 工矿商贸事故死亡人数、死亡率 目标考核制度出台—煤矿事故死亡人数、百万吨煤死亡率	连续变量	固定效应和随机效应	xtreg

① N. Beck, Time-series-cross-section Data: What Have we Learned in the Past Few Years? *Annual Review of Political Science*, Vol. 4, No. 1, 2003, pp. 271–293.

第四节　研究结果

一　描述性统计

表 4—5 对研究所涉及的主要变量进行了描述性统计。为更好地掌握事故死亡人数等信息，表 4—5 同样汇报了对数化操作之前的变量特征。分析显示，样本期内，各省份工矿商贸企业生产安全事故年平均死亡人数约为 411 人，其中年死亡人数最少为 14 人，最多则高达 1192 人，亿元 GDP 死亡率在 0.4% 和 117.5% 之间剧烈波动，年重大事故起数最高达 51 起，煤矿安全方面，煤矿事故起数和死亡人数的变异极高，也进一步说明了对其进行对数化处理的必要性，百万吨煤死亡率最低为 0.021，最高为 4.114，平均为 0.622。总体来看，表示事故水平的各主要被解释变量变异程度较大，说明了对被解释变量的变异进一步进行实证检验的必要性。

表 4—5　　　　　　　　　　　　主要变量描述性统计

变量名称	变量缩写	均值	标准差	最小值	最大值
工矿商贸事故死亡人数	Deaths	410.738	248.307	14	1192
	lnDeaths	5.792	0.745	2.639	7.083
亿元 GDP 工矿商贸企业事故死亡率	Rategdp	0.107	0.140	0.004	1.175
重大事故起数	Sever10	1.828	3.426	0	51
是否发生特大事故	Sever30	0.228	0.420	0	1
煤矿事故起数	CoalAccident	130.237	131.151	2	618
	lnCoalAccident	4.371	1.089	0.693	6.426
煤矿事故死亡人数	CoalDeaths	218.378	207.679	2	972
	lnCoalDeaths	4.823	1.236	0.693	6.879
百万吨煤死亡率	CoalRate	0.622	0.584	0.021	3.114
目标考核制度出台	Target	0.667	0.472	0	1
官员相对年龄差	Reage	4.306	3.955	0	20
官员任期	Tenure	3.222	1.912	1	10

续表

变量名称	变量缩写	均值	标准差	最小值	最大值
官员任期平方	Tenure2	14.028	16.153	1	100
中央调任官员	Central	0.039	0.194	0	1
本地晋升官员	Local	0.919	0.273	0	1
人口规模	lnPop	8.130	0.760	6.260	9.268
人均 GDP	lnGDP	9.495	0.661	7.959	11.542
以地下开采为主的重点产煤省份	Coal	0.400	0.491	0	1
关键目标年份	TargetYear	0.167	0.373	0	1

解释变量方面，官员相对年龄差的均值为 4.306，年龄差的极值说明省级官员在即将来临的换届年份的年龄在 45—65 岁之间，变异度较高；省级官员任期最短为 1 年，最长为 10 年，平均任期为 3.222 年，并没有达到《党政领导干部选拔任用工作条例》中 5 年任期的规定，说明官员调任较为频繁。控制变量方面，人均 GDP、产业结构、人口总量等变量均显示了较大差异，因此有必要对其进行控制。

图 4—5 至图 4—9 分别展示了 2001—2012 年间，工矿商贸企业事故死亡人数（对数）、工矿商贸企业亿元 GDP 死亡率、煤矿事故起数、煤矿事故死亡人数、百万吨煤死亡率五个被解释变量按照省份的时序变动趋势，能够为安全生产治理效果的变化提供初步信息。由图可知，2001—2012 年间，除工矿商贸企业事故死亡人数（对数）之外，其余变量均保持整体下降、或者相对平稳的趋势，同时，各变量在省份之间的差异较高，说明了在面板数据分析中考虑个体固定效应的必要性。

二 相关性分析

由前文所述，目标考核制度对总量控制指标和重特大事故指标的回归分析基于 2001—2012 年 30 个省份的面板数据进行，目标考核制度对煤炭安全事故指标的回归分析基于 2001—2006 年 26 个省份的面板数据进行。故表 14 和表 15 分别展示了不同样本、不同被解释变量下主要变量之间的相关性。

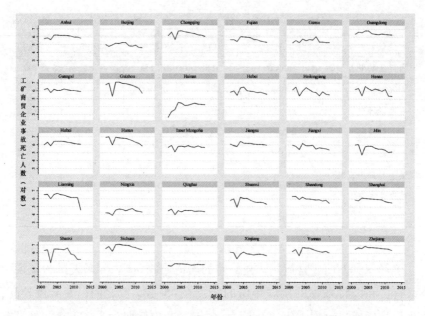

图 4—5 工矿商贸企业事故死亡人数（对数）按省份时间序列

资料来源：根据《中国安全生产年鉴》相关统计数据整理。

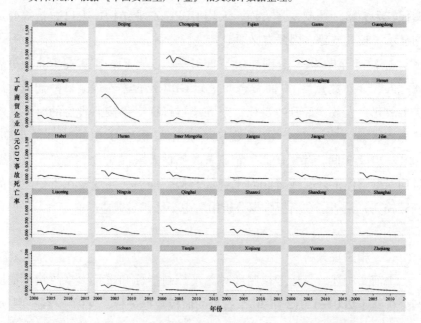

图 4—6 工矿商贸企业亿元 GDP 事故死亡率按省份时间序列

资料来源：根据《中国安全生产年鉴》相关统计数据整理。

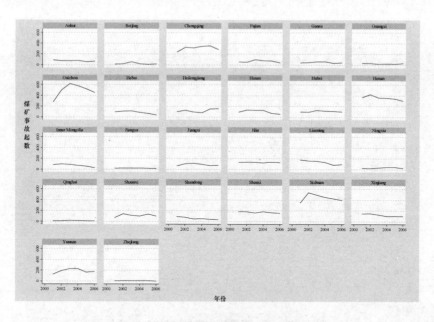

图4—7　煤矿事故起数按省份时间序列

资料来源：根据《中国煤炭工业年鉴》相关统计数据整理。

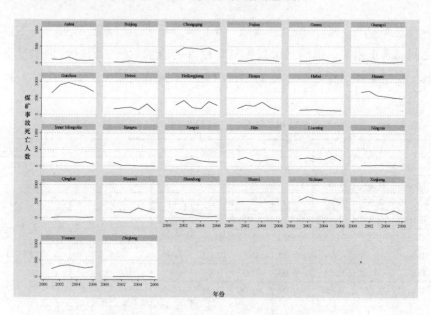

图4—8　煤矿事故死亡人数按省份时间序列

资料来源：根据《中国煤炭工业年鉴》相关统计数据整理。

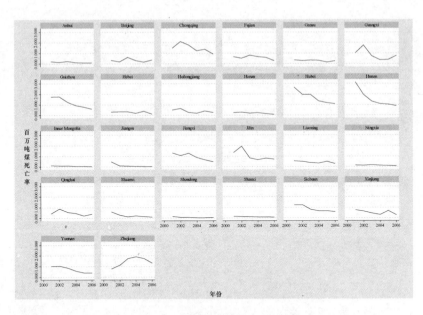

图4—9 百万吨煤死亡率按省份时间序列

资料来源：根据《中国煤炭工业年鉴》相关统计数据整理。

表4—6 显示，事故死亡人数、死亡率、重大事故起数等被解释变量之间显著正相关，说明测量指标具有较好的收敛效度，同时数据质量良好。安全生产目标考核制度的出台与死亡率则呈负相关，而与死亡人数

表4—6   主要变量相关性分析：总量控制、重特大事故

	lnDeaths	Rategdp	Sever10	Sever30	Target	Reage	Tenure	Tenure2	Central	Local
lnDeaths	1.00									
Rategdp	0.24	1.00								
Sever10	0.30	0.20	1.00							
Sever30	0.23	0.18	0.27	1.00						
Target	0.00	−0.38	0.06	−0.12	1.00					
Reage	−0.21	−0.10	−0.05	−0.11	0.03	1.00				
Tenure	−0.01	0.01	−0.03	−0.07	0.09	−0.34	1.00			
Tenure2	0.00	0.00	−0.04	−0.05	0.08	−0.32	0.96	1.00		
Central	0.02	−0.02	0.01	0.06	0.02	0.02	−0.08	−0.09	1.00	
Local	0.02	0.11	−0.01	−0.08	−0.08	0.01	0.11	0.11	−0.68	1.00

注：相关系数的绝对值大于 0.1 表示在 0.05 的水平上统计显著。

正相关，这表明目标考核对于不同类型安全生产考核指标的影响不尽相同，而目标考核出台与死亡率间 - 0.38 的相关系数也初步支持了假设 1。此外，官员相对年龄差与主要事故指标呈负相关关系，说明官员越年轻，安全生产治理效果越好，对假设形成了初步支持。其余官员特征变量与各事故指标的相关关系并不一致，需要进一步的实证检验。

　　表 4—7 显示，煤矿事故起数、煤矿事故死亡人数、百万吨煤死亡率等被解释变量之间显著正相关，同样对数据质量进行了一定的佐证。安全生产目标考核的出台与三个被解释变量均呈现显著负向关系，初步验证了假设。官员个人特征方面，官员相对年龄差与主要事故指标呈负相关关系，说明官员越年轻，煤矿安全生产治理效果越好，其余变量未发现与三个被解释变量之间一致的相关关系，进一步说明目标考核对死亡人数、死亡率的影响不尽相同。解释变量之间的相关关系均在 0.6 以内，故不存在多重共线性的风险。

表 4—7　　　　　　　主要变量相关性分析：煤矿安全

	lnCoalAccident	lnCoalDeahts	CoalRate	Target	Reage	Tenure	Tenure2	Central	Local
lnCoalAccident	1.00								
lnCoalDeaths	0.95	1.00							
CoalRate	0.27	0.23	1.00						
Target	- 0.07	- 0.09	- 0.26	1.00					
Reage	- 0.27	- 0.21	- 0.09	- 0.06	1.00				
Tenure	0.00	- 0.04	- 0.08	0.11	- 0.34	1.00			
Tenure2	0.02	- 0.02	- 0.09	0.08	- 0.32	0.96	1.00		
Central	- 0.02	- 0.03	0.11	- 0.16	- 0.10	0.03	- 0.01	1.00	
Local	0.16	0.16	- 0.03	0.06	0.02	0.02	0.05	- 0.70	1.00

注：相关系数的绝对值大于 0.1 表示在 0.05 的水平上统计显著。

三　回归分析

（一）安全生产目标考核制度、省级官员个人特征对治理效果的影响

　　基于安全生产治理效果三维测量体系，表 16 和表 17 分别对官员晋升激励下目标考核与安全生产治理效果总量控制、重特大事故和煤矿安全之间的实证检验结果进行了呈现。面板数据需首先通过 F 检验判断是否存在个体固定效应，从而在固定效应和混合回归中做出选择，F 检验的所

有结果均显著拒绝了原假设，认为固定效应模型优于混合回归模型；其次，运用 LM 检验判断使用混合回归还是随机效应模型，LM 检验的所有结果均显著拒绝了原假设，认为随机效应模型优于混合回归模型；最后，运用 Hausman 检验在固定效应模型和随机效应模型中进行选择，因篇幅原因，本书仅报告估计效率最高的模型检验结果。同时，本书对各解释变量间的方差膨胀因子进行检验，结果均小于 10，表明模型的多重共线性问题在可接受的范围之内。

表 4—8 中，模型 1 和模型 3 检验了目标考核制度对被解释变量的影响，模型 2 和模型 4 则进一步加入了省级官员个人特征。从模型拟合度来看，各模型的 R^2 在 0.45—0.73 之间，说明各模型的拟合状况良好。进一步地，模型 1 显示，安全生产目标考核出台虚拟变量对于死亡人数有显著负向影响（$\beta = -0.494$，$p < 0.05$），说明实施安全生产目标考核对于降低死亡人数效应显著，假设 1 得到支持。加入省级官员个人特征后，模型 2 同样显示了安全生产目标考核对于事故死亡人数的显著负向影响（$\beta = -0.556$，$p < 0.01$）；就官员个人特征而言，官员任期与死亡人数显著负相关，任期平方与死亡人数显著正相关，表明任期与死亡人数的 U 形关系，亦即与安全生产治理效果的倒 U 形关系，随着官员任期的不断增加，生产安全事故死亡人数降低，而当任期到达某一临界点时，死亡人数开始回升，这与假设 H2－2 保持一致；其余有关官员个人特征的假设均未得到证实。控制变量方面，辖区人口规模与死亡人数正相关，而相较于其他年份，关键目标年份 2007 和 2010 年的治理效果则不及其他年份，已有研究表明相较于目标考核年份，政府不会在一个目标周期的初始阶段进行数据造假[①]，而关键目标年份并不存在死亡人数的短暂性迅速下降，从另一方面表明《中国安全生产年鉴》中的数据造假问题并不严重，增强了研究的可信度。另外，与预期相符的是，生产安全事故死亡人数与辖区人口规模呈显著正相关。

模型 3 和模型 4 展示了安全生产目标考核对死亡率的影响，结果显示，目标考核对于死亡率存在显著的负向影响（$\beta = -0.157$，$p < 0.01$），

---

① 马亮：《目标治国、绩效差距与政府行为：研究述评与理论展望》，《公共管理与政策评论》2017 年第 2 期。

这种负相关关系在加入官员个人特征后依然成立（$\beta = -0.160$，$p < 0.01$）。较之于目标考核对于死亡人数的影响，对于死亡率的影响系数较小，初步显示了目标考核对于不同类型生产安全事故指标的影响不尽相同。而官员个人特征各变量与被解释变量之间的关系均未对假设形成支持，这表明官员个人特征所形成的晋升预期对安全生产治理效果的作用相对有限。

控制变量方面，实施目标考核后，以地下产煤为主的重点产煤省份的安全生产治理效果趋于好转，说明了目标考核对煤矿事故的遏制作用，表明煤矿安全是安全生产治理的重头戏和关键着力点，尽管二者之间的关系并不显著，其他控制变量与解释变量的关系虽与预期方向一致，但也均不显著。这说明，一方面官员晋升激励下目标考核对死亡率和死亡人数的影响并不一致，另一方面，官员个人特征对安全生产治理效果的影响并非简单的线性关系，需要更进一步地挖掘其背后的深层机理。

表4—8 同时报告了目标考核制度对重大事故起数和是否特大事故这一二分变量的影响，模型6 和模型8 则分别加入了省级官员个人特征。模型5 和模型6 分析结果显示，目标考核出台与一次死亡10 人以上的重大事故起数呈负相关关系（$\beta = -1.078$、$\beta = -0.701$），尽管这一相关关系并不显著，说明目标考核对重大事故的遏制作用相对有限；官员个人特征与重大事故起数的关系则对假设并不支持。

模型7 和模型8 显示，目标考核的出台与发生死亡30 人以上的特大事故呈显著负相关关系（$\beta = -2.640$，$p < 0.05$），即实施考核后特大事故的发生概率显著降低。加入官员个人特征后，目标考核的出台甚至与特大事故的发生显著负相关（$\beta = -3.020$，$p < 0.05$），说明目标考核出台后，一次死亡30 人以上的特大事故的发生概率下降，这说明目标考核对特大事故的防范和遏制作用较为显著；而相较于无特大事故发生的情形，地方官员在任期中间阶段更容易发生特大事故。

控制变量方面，辖区人口规模、人均 GDP 与重大事故起数和特大事故的发生呈正向关系；相较于其他省份，目标考核出台后，以地下开采为主的主要产煤省份重大事故起数降低，且更不容易发生特大事故，再次印证了目标考核对煤矿事故的强力遏制作用。

表 4—8 目标考核、官员个人特征对安全生产治理效果的影响：
总量控制、重特大事故

	（1）	（2）	（3）	（4）	（5）	（6）	（7）	（8）
	lnDeaths	lnDeaths	Rategdp	Rategdp	Sever10	Sever10	Sever30	Sever30
Target	−0.494**	−0.556***	−0.157***	−0.160***	−1.078	−0.701	−2.640**	−3.020**
	(0.199)	(0.191)	(0.052)	(0.053)	(1.030)	(1.080)	(1.214)	(1.263)
Reage		0.001		−0.001		−0.016		−0.076
		(0.005)		(0.001)		(0.019)		(0.053)
Tenure		−0.048*		−0.007		−0.114		−0.474*
		(0.025)		(0.008)		(0.105)		(0.280)
Tenure2		0.004*		0.001		0.017		0.057*
		(0.003)		(0.001)		(0.013)		(0.033)
Central		−0.027		−0.003		0.396		0.427
		(0.100)		(0.032)		(0.403)		(0.962)
Local		0.070		−0.006		0.909***		−0.540
		(0.080)		(0.025)		(0.335)		(0.762)
lnPop	0.607***	0.624***	0.027	0.024	−0.328	−0.401	0.689*	0.619*
	(0.078)	(0.074)	(0.020)	(0.020)	(0.382)	(0.406)	(0.371)	(0.374)
lnGDP	0.067	0.133	−0.031	−0.034	1.233	0.986	0.652	0.504
	(0.181)	(0.171)	(0.046)	(0.046)	(0.942)	(0.968)	(0.763)	(0.776)
Coal	−0.177	−0.186	−0.019	−0.020	−1.528*	−1.636*	−1.271**	−1.168**
	(0.147)	(0.136)	(0.035)	(0.035)	(0.807)	(0.840)	(0.501)	(0.509)
TargetYear	0.304***	0.306***	0.014	0.017	0.427	0.358	1.777*	2.141**
	(0.069)	(0.070)	(0.021)	(0.022)	(0.264)	(0.275)	(0.913)	(0.969)
区域	Control	Control	Control	Control	Control	Control	Control	Control
时间	Control	Control	Control	Control	Control	Control	Control	Control
常数项	0.306	−0.387	0.242	0.308	−7.051	−4.490	−11.724	−8.238
	(1.786)	(1.689)	(0.454)	(0.459)	(9.348)	(9.670)	(8.346)	(8.548)
N	360	360	360	360	360	360	360	360
R^2	0.7131	0.7314	0.4789	0.4458				
F 检验	30.74***	29.99***	13.38***	12.63***				
LM 检验	688.94***	595.39***	383.46***	351.53***				

续表

	(1)	(2)	(3)	(4)	(5)	(6)	(7)	(8)
	lnDeaths	lnDeaths	Rategdp	Rategdp	Sever10	Sever10	Sever30	Sever30
过度分散参数 α 95% 置信区间					[0.34, 0.85]	[0.33, 0.83]		
LR 检验					47.70***	60.69***	7.70***	7.13***
Hausman test	-18.91	33.19	13.67***	15.56	22.35***	5.47***	0.50***	6.54***

注：括号外为回归系数，括号内为标准误；＊、＊＊和＊＊＊分别表示在0.1、0.05和0.01的水平上统计显著。

表4—9对目标考核出台与煤矿安全各被解释变量之间的关系进行了报告，模型9、模型10、模型11和模型12的主效应显示，目标考核的出台与煤矿事故起数、煤矿事故死亡人数呈正向关系，但并不显著，说明目标考核制度对这两项指标的控制作用有限；模型13和模型14表明实施目标考核能够显著降低百万吨煤死亡率（$\beta = -0.574$，$p < 0.01$），这一结论在加入官员个人特征后依旧稳健（$\beta = -0.575$，$p < 0.05$）。目标考核对三项有关煤炭安全的指标影响并不一致，究其原因，煤矿事故死亡人数和百万吨煤死亡率在2004年被明确列为安全生产控制考核指标，而煤矿事故起数并不在考核指标之列，这说明地方政府能够更好地完成目标考核所明确规定的考核指标任务，而对未列入考核要求的其他指标的完成效果并不理想；另一方面，模型11和模型12显示目标考核并未降低煤矿事故死亡人数，而模型13和模型14则显示目标考核显著降低了煤矿事故死亡率，再次说明目标考核对绝对指标和相对指标的作用不尽相同，而由于相对指标综合考虑了事故结果与经济发展水平，故能够更为客观地反映生产安全事故的死亡成本。官员个人特征方面，任期长短与煤矿事故起数呈现U形关系，即任期与安全生产治理效果的倒U形关系再次得到印证。控制变量方面，煤矿安全事故水平与当地人均GDP呈显著负相关，说明经济发展水平越高的地区，越不容易发生煤矿安全事故。

表4—9　　　　　　　　目标考核、官员个人特征对安全生产
治理效果的影响：煤矿安全

	(9)	(10)	(11)	(12)	(13)	(14)
	lnCoalAccident	lnCoalAccident	lnCoalDeaths	lnCoalDeaths	CoalRate	CoalRate
Target	0.414	0.374	0.394	0.393	−0.574***	−0.575**
	(0.302)	(0.301)	(0.360)	(0.390)	(0.217)	(0.233)
Reage		0.001		0.002		−0.000
		(0.010)		(0.013)		(0.010)
Tenure		−0.084*		−0.069		−0.045
		(0.045)		(0.062)		(0.046)
Tenure2		0.012**		0.009		0.003
		(0.001)		(0.007)		(0.005)
Central		−0.283		−0.287		−0.319
		(0.237)		(0.318)		(0.235)
Local		−0.159		−0.095		−0.466
		(0.316)		(0.420)		(0.302)
lnPop	0.177	0.089	0.228	0.170	0.087	0.093
	(0.165)	(0.170)	(0.208)	(0.220)	(0.138)	(0.143)
lnGDP	−1.206**	−1.143*	−1.463**	−1.400*	0.279	0.300
	(0.597)	(0.601)	(0.703)	(0.761)	(0.411)	(0.441)
区域	Control	Control	Control	Control	Control	Control
时间	Control	Control	Control	Control	Control	Control
常数项	13.822**	14.296**	16.411**	16.481**	−2.206	−2.064
	(5.690)	(5.758)	(6.810)	(7.363)	(4.122)	(4.422)
N	156	156	156	156	156	156
R²	0.3169	0.2990	0.3478	0.3320	0.1316	0.4078
F检验	63.75***	60.45***	44.73***	40.18***	19.50***	21.93***
LM检验	316.86***	283.77***	291.68***	263.64***	216.57***	194.38***
Hausman test	2.32	7.99	1.50	5.71	0.96	11.74

注：括号外为回归系数，括号内为标准误；＊、＊＊和＊＊＊分别表示在0.1、0.05和0.01的水平上统计显著。

（二）安全生产目标考核制度治理效果的时间效应

为了衡量安全生产目标考核的持续效应，设置出台目标考核第 i 年的虚拟变量，当处于考核第 i 年时取值为 i，其余年份取值为 0，故 2004—2012 年分别取值为 1—9。所有年份虚拟变量的联合显著性检验结果显示强烈拒绝"无时间效应"的原假设，认为应在模型中考虑时间效应。表4—10 中各模型从动态层面对目标考核的实施效果进行了跨期分析，分别考察目标考核实施对死亡人数、死亡率、重大事故起数、煤矿事故起数、煤矿事故死亡人数和百万吨煤死亡率的动态影响。

表4—10　　　　安全生产目标考核制度治理效果的时间效应

	（15）	（16）	（17）	（18）	（19）	（20）
	lnDeaths	Rategdp	Sever10	lnCoalAccident	lnCoalDeaths	CoalRate
Year1	0. 207 ***	− 0. 022	− 0. 238	0. 423 ∗ ∗	0. 267	− 0. 377 ***
	(0. 080)	(0. 024)	(0. 377)	(0. 182)	(0. 226)	(0. 145)
Year2	0. 087 *	− 0. 027 ∗ ∗	0. 025	0. 208 ∗	0. 187	− 0. 197 **
	(0. 045)	(0. 013)	(0. 211)	(0. 120)	(0. 147)	(0. 091)
Year3	0. 030	− 0. 028 ∗∗ ∗	− 0. 186	0. 125	0. 121	− 0. 158 **
	(0. 035)	(0. 010)	(0. 181)	(0. 102)	(0. 124)	(0. 075)
Year4	0. 003	− 0. 026 ***	− 0. 236			
	(0. 031)	(0. 009)	(0. 170)			
Year5	− 0. 022	− 0. 023 ***	− 0. 089			
	(0. 028)	(0. 008)	(0. 148)			
Year6	− 0. 033	− 0. 022 ***	− 0. 074			
	(0. 025)	(0. 007)	(0. 137)			
Year7	− 0. 036	− 0. 020 ***	− 0. 049			
	(0. 024)	(0. 007)	(0. 129)			
Year8	− 0. 048 **	− 0. 019 ***	− 0. 223 *			
	(0. 022)	(0. 006)	(0. 126)			
Year9	− 0. 062 ***	− 0. 018 ***	− 0. 078			
	(0. 021)	(0. 006)	(0. 120)			
其他变量	Control	Control	Control	Control	Control	Control
常数项	− 0. 387	0. 308	− 4. 490	14. 391 ∗ ∗	16. 928 ∗ ∗	0. 586

续表

	（15）	（16）	（17）	（18）	（19）	（20）
	（1.689）	（0.459）	（9.670）	（5.758）	（7.064）	（3.823）
N	360	360	360	156	156	156
R^2	0.7226	0.4354	0.1857	0.2990	0.3320	0.3338
过度分散参数 α95%置信区间			[0.33, 0.83]			
F 检验	29.99 ***	12.63 ***		60.45 ***	40.18 ***	19.06 ***
LM 检验	595.39 ***	351.53 ***		289.08 ***	269.55 ***	199.94 ***
LR 检验			60.69 ***			
Hausman test	33.19	20.60	5.47 ***	7.96	5.49	6.33

注：括号外为回归系数，括号内为标准误；＊、＊＊和＊＊＊分别表示在0.1、0.05和0.01的水平上统计显著；上述模型均对其他变量进行了控制。

　　模型15的分析结果显示，实施目标考核对生产安全事故死亡人数的负向影响逐渐递增，尽管在实施考核前两年影响显著为正，但由于治理效果的产生存在滞后性，故而从长期看，目标考核对于安全生产死亡人数存在负向的时间效应，这种负向影响在实施考核第5年（2008年）开始显现，在考核第8年（2011年）达到显著。模型16的结果显示，安全生产目标考核对于死亡率的负向影响从实施考核第2年（2005年）起持续显著，且其系数的绝对值在考核第3年（2006年）达到最大，之后逐渐减小，说明目标考核对死亡率的负向影响存在递减趋势。目标考核对死亡人数和死亡率在2006—2007年间的积极影响，可能的原因是在此期间从中央到地方集中各方资源开展了名目多样的安全生产集中整治活动，2006年煤矿瓦斯治理和小煤矿整顿关闭攻坚战集中关停了7000多个逾期没有申办安全生产许可证的煤矿和经审查不具备颁证条件、要求整顿的小煤矿，从根本上扭转了煤矿安全的被动局面。

　　目标考核制度对重大事故起数影响的时间效应并不明显，二者关系为负但不显著；煤矿安全方面，目标考核对百万吨煤死亡率的遏制作用持续显著，但对煤矿事故起数和死亡人数的时间效应影响则不符预期。以上分析部分支持假设3的同时，表明尽管安全生产目标考核对降低死亡人数和死亡率有显著效果，其对绝对指标和相对指标的影响存在一定的差异。

四　稳健性检验

（一）滞后被解释变量模型

滞后被解释变量模型考虑到安全生产目标考核效果的产生存在一定的滞后效应，因而设置被解释变量的滞后项，将 $t+1$ 年的事故死亡人数、死亡率等各被解释变量对 t 年解释变量进行回归，并使用省级层面的聚类稳健标准误进行估计，以避免同一个体不同时期扰动项之间可能存在的自相关。表4—11和表20分别呈现了加入被解释变量滞后期模型的检验结果。

表4—11分析结果显示，总量指标和重特大事故指标方面，$t+1$ 年生产安全事故死亡人数和死亡率约为 t 年的70%和80%，同时目标考核实施与死亡人数、死亡率之间的负效应依然显著（ $\beta=-0.877$，$p<0.01$；$\beta=-0.875$，$p<0.01$；$\beta=-0.078$，$p<0.01$）；与表4—8结果不同，目标考核实施与重大事故起数之间呈正向关系（ $\beta=0.437$；$\beta=0.625$），目标考核出台与是否发生特大事故之间的关系则较为稳健，依旧保持显著负相关（ $\beta=-2.662$，$p<0.05$；$\beta=-0.280$，$p<0.01$）。以上分析结果背后的原因可能在于，相较于事故死亡人数和死亡率，对于重大事故起数的控制始终未纳入安全生产控制指标体系，而重大事故又不及特大事故高压问责所带来的威慑效应，故目标考核实施后，地方政府在重大事故起数方面的表现并不理想。

表4—12显示，加入煤矿事故起数、煤矿事故死亡人数和百万吨煤死亡率等被解释变量的滞后项后，目标考核对安全生产治理效果仍旧存在正向影响，而较之表4—9，其对百万吨煤死亡率的负向作用不再显著。另外值得关注的是，上一年度煤矿事故起数约为本年度事故起数的95%—96%，上一年度煤矿事故死亡人数约为本年度事故死亡人数的92%—93%，而上一年度百万吨煤死亡率约为本年度的76%，说明相较于煤矿事故起数和死亡人数，目标考核对于百万吨煤死亡率的影响更为显著，进一步对前文结论进行了佐证。

表4—11　　安全生产目标考核制度的治理效果研究（总量、重特大事故）：加入被解释变量滞后期

	(21)	(22)	(23)	(24)	(25)	(26)	(27)	(28)
	lnDeaths	lnDeaths	Rategdp	Rategdp	Sever10	Sever10	Sever30	Sever30
L. lnDeaths	0.734***	0.724***						
	(0.045)	(0.044)						
L. Rategdp			0.846***	0.845***				
			(0.047)	(0.050)				
L. Sever10					−0.001	0.126		
					(0.012)	(0.109)		
L. Sever30							0.017	0.095
							(0.416)	(0.080)
Target	−0.877***	−0.875***	−0.078***	−0.079***	0.437	0.625	−2.662**	−0.280***
	(0.088)	(0.088)	(0.012)	(0.013)	(0.366)	(0.426)	(1.132)	(0.108)
Reage		−0.001		−0.001		0.032		−0.005
		(0.004)		(0.000)		(0.034)		(0.006)
Tenure		−0.036		−0.001		0.085		−0.029
		(0.025)		(0.003)		(0.227)		(0.042)
Tenure2		0.004*		0.000		−0.004		0.004
		(0.003)		(0.000)		(0.023)		(0.005)
Central		0.046		0.001		0.301		0.167
		(0.117)		(0.014)		(0.644)		(0.219)
Local		0.066		−0.003		0.582		−0.026
		(0.069)		(0.003)		(0.754)		(0.190)
lnPop	0.201***	0.207***	−0.000	−0.001	0.588***	0.662***	0.703*	0.044

续表

	(21)	(22)	(23)	(24)	(25)	(26)	(27)	(28)
	lnDeaths	lnDeaths	Rategdp	Rategdp	Sever10	Sever10	Sever30	Sever30
	(0.044)	(0.039)	(0.002)	(0.002)	(0.167)	(0.302)	(0.397)	(0.031)
lnGDP	0.058	0.064	−0.003	−0.002	−0.410	−0.739*	0.388	0.006
	(0.048)	(0.043)	(0.006)	(0.007)	(0.371)	(0.434)	(0.827)	(0.073)
Coal	0.001	−0.007	−0.000	0.001	−0.589**	−0.638*	−1.406**	−0.141***
	(0.041)	(0.040)	(0.003)	(0.003)	(0.248)	(0.356)	(0.548)	(0.058)
TargetYear	0.183***	0.186***	−0.002	0.000	0.117	−0.024	1.768*	0.199*
	(0.057)	(0.053)	(0.001)	(0.002)	(0.225)	(0.419)	(0.924)	(0.106)
区域	Control	Control	Control	Control	Control	Control	Control	Control
时间	Control	Control	Control	Control	Control	Control	Control	Control
常数项	−0.056	0.096	0.106	0.117	−0.028	3.427	−9.174	0.105
	(0.508)	(0.567)	(0.073)	(0.084)	(3.886)	(5.337)	(9.154)	(0.708)
N	330	330	330	330	330	330	330	330
R^2	0.8913	0.8924	0.9206	0.9210				
Wald chi2	5365.78***	6739.96***	74169.08***	38088.39***	83.47***	436.90***	33.97***	3266.94***
LR检验					31.91***	44.63***	4.51***	2.39***

注：括号外为回归系数，括号内为聚合在省份层面的聚类稳健标准误；*、**和***分别表示在0.1、0.05和0.01的水平上统计显著。

表4—12　安全生产目标考核制度的治理效果（煤矿"安全"）：加入被解释变量滞后期

	(29) lnCoalAccident	(30) lnCoalAccident	(31) lnCoalDeaths	(32) lnCoalDeaths	(33) CoalRate	(34) CoalRate
L. lnCoalAccident	0.959***	0.953***				
	(0.019)	(0.021)				
L. lnCoalDeaths			0.930***	0.923***		
			(0.023)	(0.028)		
L. CoalRate					0.776***	0.776***
					(0.050)	(0.051)
Target	−0.243**	−0.203*	−0.173	−0.126	−0.034	−0.044
	(0.120)	(0.123)	(0.141)	(0.135)	(0.073)	(0.085)
Reage		−0.004		0.000		0.002
		(0.008)		(0.009)		(0.003)
Tenure		−0.007		−0.010		0.026
		(0.061)		(0.070)		(0.046)
Tenure2		0.000		0.000		−0.003
		(0.061)		(0.668)		(0.005)
Central		−0.070		−0.211		0.231
		(0.006)		(0.007)		(0.403)
Local		−0.217**		−0.343***		−0.036

续表

	(29)	(30)	(31)	(32)	(33)	(34)
	lnCoalAccident	lnCoalAccident	lnCoalDeaths	lnCoalDeaths	CoalRate	CoalRate
lnPop	-0.003	0.015	-0.040	-0.020	-0.002	0.006
	(0.023)	(0.091)	(0.048)	(0.056)	(0.021)	(0.027)
lnGDP	-0.026	-0.012	-0.128	-0.237 ***	0.064	0.038
	(0.089)	(0.030)	(0.090)	(0.115)	(0.050)	(0.079)
区域	Control	Control	Control	Control	Control	Control
时间	Control	Control	Control	Control	Control	Control
常数项	0.554	1.481	1.928 *	3.127 **	-0.542	-0.387
	(0.862)	(1.149)	(1.030)	(1.453)	(0.561)	(0.885)
N	130	130	130	130	130	130
R²	0.9211	0.9222	0.8861	0.8877	0.8042	0.8084
Wald chi2	6906.75 ***	383305.17 ***	4285.69 ***	24640.32 ***	413.14 ***	2598.87 ***

注：括号外为回归系数，括号内为聚合在省份层面的聚类稳健标准误；＊、＊＊和＊＊＊分别表示在 0.1、0.05 和 0.01 的水平上统计显著。

（二）邹至庄检验（Chow Test）

由于本书设置了政策实施前和实施后的二分变量来对解释变量进行操作化，存在未充分控制其他可能影响安全生产治理效果因素的风险。为了进一步验证安全生产治理效果在 2004 年前后是否存在结构变化，本书进行了邹至庄检验（Chow 检验）[1]。

2004 年安全生产目标考核出台，可被视做研究区间内由于政策出台而导致的结构变动，为进一步考察生产安全事故死亡人数和死亡率是否在 2004 年发生结构性变动，定义第 1 个时期为 $2001 \leqslant t \leqslant 2004$，第 2 个时期为 $2004 \leqslant t \leqslant 2012$，进行 Chow 检验。Chow 检验本质上是一种 F 检验，其原假设为，生产安全事故死亡人数和死亡率在这两个时期没有变化，即 $H_0: \beta_1 = \beta_2$，就检验流程而言，需要分别对整个样本、2004 年之前及 2004 年之后的子样本进行回归，并获得其残差平方和。经检验，F 统计量分别为 3.42 和 4.12，且均在 0.01 的显著性水平上显著。

同时，引入时间虚拟变量，并检验所有虚拟变量及其与解释变量交叉项系数的联合显著性，所得结果与传统的 Chow 检验完全相同，F 统计量 = 3.42 和 4.12，p 值 = 0.000，故可以在 1% 的显著性水平上强烈拒绝"没有结构变动"的原假设，即可以认为生产安全事故死亡人数和死亡人数在 2004 年发生了结构变动。

第五节 本章小结

本章采用 30 个省（区、市）2001—2012 年的面板数据，分别从总量控制、重特大事故和煤矿安全三个维度，对安全生产目标考核制度的治理效果进行了实证检验。图 23 对本章研究思路进行了梳理。

表 4—13 汇总了本章实证检验结果。研究发现，从整体上看，2004 年安全生产目标考核制度的出台与事故死亡人数、死亡率等主要安全生产控制指标呈现显著负相关关系，但目标考核对于提升安全生产治理效果的正面效应在具体指标方面仍存在特殊性。

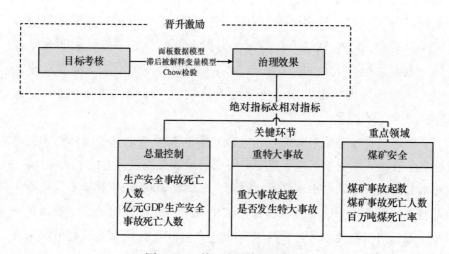

图4—10　第四章研究思路梳理

表4—13　　　　安全生产目标考核制度治理效果检验结果梳理

变量		总量控制		重特大事故		煤矿安全		
		lnDeaths	Rategdp	Sever10	Sever30	lnCoal Accident	lnCoal Deaths	CoalRate
目标考核	直接效应	√	√	×	√	×	×	√
	时间效应	√	√	×	—	×	×	√
官员特征	年龄	×	×	×	×	×	×	×
	任期	√	×	√	√	×	×	×
	来源	×	×	√	×	√	×	×

注：√、×分别表示通过和未通过检验，一表示未做检验。

　　首先，目标考核对生产安全事故控制绝对指标和相对指标的影响并不一致。总量指标方面，目标考核对死亡人数和死亡率虽均有负向影响，但影响程度相差甚远，特别是在时间效应检验中，相较于目标考核对死亡率的持续负向影响，对死亡人数则经历先上升后下降的作用进程；煤矿安全方面，相较于百万吨煤死亡率，目标考核对煤矿事故起数和死亡人数的影响并不显著，这一结论在时间效应检验中同样成立。以上证据说明，目标考核对绝对指标和相对指标的影响不尽相同。这一差异表面上来自于两类指标测算方法的不同，实质则在于行政问责和官员激励机制下地方官员根据当地发展实际和中央考核偏好对中央政策的适时调整。两类指标的影响差异从另一方面说明现阶段单一通过对死亡人数和死亡率等结果指标的考核尚不能全面客观地衡量安全生产治理效果，未来应综合考核投入、过程、结果、效益等安全生产绩效全过程。

其次，目标考核对明确列入考核内容和在考核之外的指标影响并不一致。在纳入本书被解释变量安全生产治理效果测量体系的七个指标中，事故死亡人数、死亡率、百万吨煤死亡率早在 2004 年就被确定为安全生产控制指标，研究结果表明目标考核出台与上述指标均呈现显著的负相关关系；由于特大事故社会影响巨大且直接问责行政官员，故虽并未在控制指标考核范畴，但目标考核对特大事故的负向影响依旧显著；而较之上述四个指标，并未发现目标考核与重大事故起数、煤矿事故起数和煤矿事故死亡人数之间的负向关系。因此，从结果来看，虽然目标考核显著降低了被纳入考核范畴的指标，但对未纳入考核范畴的指标影响甚微。无独有偶，在一项对环保考核治理效果的研究中，研究发现，目标明确且责任到位的环境绩效考核显著降低了可见度较高的空气污染物的排放量，相对来说，虽然同样被纳入考核，可见度较低的水污染物却未受到显著影响。与此同时，环境绩效考核对未被考核的烟尘污染没有影响。[1] 这说明尽管目标考核提供了强力激励，但由于地方政府区别性和选择性地执行目标，导致这种激励并没有达到普遍适用的结果，[2] 这种"就目标谈目标"的考核导向功能在地方政府绩效评价中是更为普遍的现象，此时，考核什么、评价什么作为地方政府治理行为的指挥棒意义重大，能够倒逼对于安全生产治理效果内涵的反思。

再次，具体考察目标考核对安全生产治理效果三个维度的影响，发

---

[1] J. Liang and L. Langbein, Performance Management, High-Powered Incentives, and Environmental Policies in China, *International Public Management Journal*, Vol. 18, No. 3, 2015, pp. 346 - 385.

[2] J. Liang and L. Langbein, Performance Management, High-Powered Incentives, and Environmental Policies in China, *International Public Management Journal*, Vol. 18, No. 3, 2015, pp. 346 - 385.

现地方政府在事故死亡人数、死亡率等总量指标的治理中表现良好，而在重特大事故和煤矿事故防控方面还有较大的提升空间。就重特大事故指标而言，尽管从统计结果上看，目标考核能够降低一次死亡人数 30 人以上事故发生的可能性，但其对一次死亡人数在 10 人以上的重大事故起数的遏制作用相当有限，而这与近年来安全生产治理实践中总量指标下降但重特大事故依旧频发多发的现实完全契合，与普通事故相比，重特大事故不仅更能反映安全生产治理积弊，反映政府的监督漏洞与企业的主体责任缺失，而且社会影响巨大。因此，对重特大事故的防范应该成为下一步安全生产治理的重点。

最后，官员个人特征方面，各模型检验结果显示，各省（区、市）省长个人特征对安全生产治理效果的影响不及假设预期明显，且在各模型中并未取得相对一致的结论，仅有官员任期和来源在个别模型中得到了验证，而年龄的影响则始终并未被证实。具体地，官员任期与死亡人数、重大事故起数、煤矿事故起数呈现 U 形关系，即任期与安全生产治理效果的倒 U 形关系，随着官员任期的不断增加，生产安全事故死亡人数降低，重大事故起数降低，煤矿安全事故降低，而当任期到达某一临界点时，死亡人数和事故起数开始回升。官员来源方面，相较于外地调任和中央调任官员，本地来源的官员所辖省（区、市）的重大事故起数更多。以上结果说明在经济发展水平仍旧是政绩考核主要考察因素的今天，较之于已有研究中官员个人特征对地区经济发展水平的一致影响，官员异质性对安全生产治理效果的影响机制则更为复杂，需要进一步的研究。

回应本章开篇提出的研究问题，本章试图对晋升激励下安全生产目标考核制度的治理效果提供基于面板数据的经验证据，以检验"目标考核—治理效果"逻辑链条。基于晋升激励的已有理论和研究，本书对目标考核制度的主效应、官员个人特征对治理效果的影响以及目标考核制度实施效果的时间效应提出研究假设。分析结果显示，安全生产目标考核制度能够显著降低事故死亡人数、死亡率等主要考核指标，但这种影响在绝对指标与相对指标、考核指标体系之内和之外、总量控制重特大事故和煤矿安全不同维度之间仍存在具体差异，说明安全生产目标考核制度并没有达到普遍且一致的治理效果。这一基于翔实定量数据得出的有关安全生产目标考核制度治理效果的结论在现有研究中尚属首次，故其对于反思安全生产目标考核体系的科学性提供了启发，特别是引发了对于目标考核究竟如何影响地方政府治理行为进而影响安全生产治理效果的思考。对以上问题的分析构成了本书第五章的研究内容。

第 五 章

安全生产目标考核制度治理效果的
中间机制检验

　　本书第四章检验了官员晋升激励视角下安全生产目标考核制度与其治理效果之间的关系。然而，作为一项激励机制，中央政府出台的安全生产目标考核制度如何影响地方政府的治理行为，进而产生治理效果？这一作用黑箱尚未被有力揭示。本章将以地方政府安全生产治理行为作为着力点，从地方政府有关安全生产的治理承诺和出台的治理政策两方面入手，对治理承诺和治理政策在"目标考核—治理效果"之间的中介效应进行实证检验。从实证研究因果推断的角度，本章试图在"x 导致了 y"的基础上，进一步回应"x 如何导致 y"这一因果机制（Causal Mechanism）问题[1][2]，同时，变量之间的中介效应是发掘因果机制的有力工具[3]。

　　本章第一节首先对问题基于的现实场景进行描述，并界定研究问题，第二节重点对为什么地方政府治理行为能够成为研究"目标考核—治理效果"关系的关键做出了阐释，第三节在已有理论和文献基础上提出研究假设和实证模型，第四节、第五节分别是对研究方法和研究结果的分析，第六节对本章内容进行了简要总结。

---

　　① 余莎、耿曙：《社会科学的因果推论与实验方法——评 Field Experiments and Their Critics：Essays on the Uses and Abuses of Experimentation in the Social Sciences》，《公共行政评论》2017 年第 2 期。

　　② ［美］加里·金、罗伯特·基欧汉、悉尼·维巴：《社会科学中的研究设计》，陈硕译，格致出版社 2014 年版，第 73—81 页。

　　③ 陈晓萍、徐淑英、樊景立：《组织与管理研究的实证方法》，北京大学出版社 2008 年第二版，第 419 页。

第一节 实证背景与问题描述

一 实证背景

2004 年，以各级政府安全生产控制指标体系为核心的安全生产目标考核制度出台。工矿商贸企业事故死亡人数、煤矿事故死亡人数、百万吨煤死亡率等事故结果控制指标依行政层级逐级分解落实，量化指标成为中央政府考核地方安全生产治理状况的主要工具，为考核结果纳入地方政府政绩体系提供了可能，同时，指标层层分解成为落实各级政府安全生产责任制的重要抓手，强化了地方政府的安全生产治理责任。基于此，对安全生产目标考核制度治理效果的研究，为什么要从结果指标转向治理行为、进一步发掘目标考核制度对安全生产治理效果的作用机制？

（一）单纯通过事故结果控制指标考核安全生产治理效果面临数据可靠性的质疑

国务院安全生产委员会在 2004 年初确定该年度涵盖工矿商贸、火灾、公路交通、铁路交通、民航飞行等各类事故死亡人数的安全生产控制指标，并依事故类型下放给各个系统；总指标确定后，进一步将各类事故指标分解到各省（自治区、直辖市和新疆生产建设兵团）；各省（区、市）进一步将本地目标任务逐级分解下放到各地（市）、县（区、市）及省直属企业，而各市、县最终把指标下放到具体企业，并层层加码。由于安全生产控制指标主要考核事故死亡人数、死亡率等，由此也被称为"死亡指标"。2006 年，"死亡指标"被写入国家"十一五"规划，同年，《国务院办公厅关于印发安全生产"十一五"规划的通知》出台，围绕"死亡指标"的安全生产治理效果考核成为考察官员政绩最重要的依据之一。由于控制指标极端严格和精确，指标任务完成与否的结果有如悬在官员头顶的"达摩克利斯之剑"，由此，死亡数据瞒报、造假等策略性行为层出不穷，安排矿难遇难者异地火化从而不占用"死亡指标"的做法屡见不鲜①。

---

① 南方周末:《"死亡指标"是怎么算出来的?》，2007 年 12 月 18 日，http：//www. in-fzm. com/contents/9423/，2018 年 2 月 16 日。

2017 年 8 月 11 日，山西省和顺县晋能吕鑫煤业公司发生一起边坡滑坡事故，事故发生后，官方多次通报称无人员伤亡，然而 8 月 15 日，山西省和顺县政府发布消息称滑坡事故已经造成 4 人死亡 5 人失踪，8 月 20 日，《国务院安全生产委员会办公室关于晋能集团山西煤炭运销集团和顺吕鑫煤业有限公司"8·11"边坡滑坡事故的通报》初步确认事故造成 8 人死亡、1 人失踪、1 人受伤。此前，2006 年《刑法修正案（六）》特意新增不报、谎报安全事故罪，在安全事故发生后，负有报告职责的人员不报或者谎报事故情况，贻误事故抢救，情节严重的，处三年以下有期徒刑或者拘役；情节特别严重的，处三年以上七年以下有期徒刑；2007 年 3 月国务院通过《生产安全事故报告和调查处理条例》，对不立即组织事故抢救的、迟报或者漏报事故的、在事故调查处理期间擅离职守的，除了罚款和处分，构成犯罪的，追究刑事责任；2008 年，国家安全生产监督管理总局还专门印发《煤矿生产安全事故报告和调查处理规定》。然而高密度的规制并未能遏制事故数据瞒报之风，这为基于安全生产控制指标进行考核的可靠性敲响了警钟。已有研究对事故数据造假有一定的关注，如 Wang 以"某年度某省份实际事故死亡人数/死亡人数上限＝1"为样本分界点，对分界点两侧的样本分别进行线性回归，研究发现当事故死亡人数超过 35 人这一上限时，样本分布会出现明显的断点，证实了激励制度下事故死亡人数确实存在明显的低报[①]。

（二）单纯通过事故结果控制指标考核安全生产治理效果造成安全生产治理效果的评价困境

正如本书第一章第一节所言，单纯围绕事故结果控制指标考核安全生产治理效果造成了安全生产治理效果面临着评价的困境，而这也是本书所基于的研究背景之一。一方面，统计资料显示近年来我国安全生产治理状况趋于好转，相较于 2002 年，2011 年全国生产安全事故总量从一年发生 100 多万起事故减少到 35 万起，呈显著下降趋势；亿元 GDP 事故死亡率从 1.33 下降到 0.173，生产安全事故总量、较大事故、重大事故、

---

① R. Fisman and Y. Wang, The Distortionary Effects of Incentives in Government: Evidence from China's "Death Ceiling" Program, *American Economic Journal: Applied Economics*, Vol. 9, No. 2, 2017, pp. 202－218.

特别重大事故、反映安全生产水平的主要相对指标再次出现"五个明显下降"。① 2015 年，事故起数、死亡人数同比分别下降 7.9%、2.8%，煤矿事故起数和死亡人数同比分别下降 32.3%、36.8%，部分行业领域事故均实现"双下降"。② 然而另一方面，重特大事故频发且危害严重、影响恶劣。2015 年，21 个省份共发生了 38 起重特大事故，平均 10 天一起，平均每起重特大事故造成的死亡失踪人数超过了前几年，有 13 个省份重特大事故起数或死亡人数同比上升，安全生产治理形势依然相当严峻。③

　　生产安全事故具有突发性和偶发性，同时，安全生产治理是一个需要多元主体共同参与，资金、技术、理念长期持续投入的系统工程。由上文分析可以看出，通过事故结果控制指标的统计评价安全生产治理效果不仅面临数据可靠性的质疑，而且造成了治理效果面临着评价困境，迫切需要将关注焦点从事故结果转向治理过程，通过对地方政府安全生产治理行为的关注进一步充实对目标考核制度治理效果的检验，一方面打开"目标考核—治理效果"作用黑箱，为地方政府治理行为的改善、进而治理效果的提升提供经验证据，另一方面为安全生产考核由"结果考核"到"绩效评价和管理"的转向提供思路。

二　问题描述

　　由前所述，单纯对事故结果指标的统计与测量不仅面临合理合法性和数据可靠性的质疑，而且造成了安全生产治理效果面临着评价困境。而对地方政府安全生产治理行为的关注能够廓清目标考核制度产生治理效果的中间作用机制，是打开"目标考核—治理效果"黑箱和破解评价困境的关键环节。然而，现有研究主要关注"目标考核"制度这一输入

---

① 人民网：《十年，从安全生产到安全发展》，2012 年 10 月 24 日，https：//www.china-safety. org. cn/caws/Contents/Channel_ 20232/2012/1024/186861/content_ 186861. htm，2017 年 9 月 1 日。

② 人民网：《坚持改革创新，强化依法治理，全力遏制重特大事故多发的势头》，2016 年 1 月 15 日，http：//politics. people. com. cn/n1/2016/0115/c1001 – 28055024. html，2017 年 8 月 22 日。

③ 人民网：《坚持改革创新，强化依法治理，全力遏制重特大事故多发的势头》，2016 年 1 月 15 日，http：//politics. people. com. cn/n1/2016/0115/c1001 – 28055024. html，2017 年 8 月 22 日。

和"治理效果"这一输出，而对其作用机制的关注不足，如何理顺"制度—行为—效果"逻辑链条，从地方政府治理行为的视角进一步分析安全生产目标考核制度的治理效果希望能在本章得到解答。本章试图回答的关键问题是：目标考核制度如何影响安全生产治理效果？目标考核制度产生治理效果的中间作用机制何在？如何对地方政府安全生产治理行为进行刻画和测量？地方政府治理行为能否对目标考核制度下安全生产治理效果的变化做出解释？

从本章内容在整项研究中的定位来看，上述问题试图通过对地方政府治理努力和治理行为的关注，在对地方政府治理行为进行科学测度的基础上，通过对地方政府治理行为在目标考核制度与治理效果之间中介作用的检验，打开安全生产"目标考核—治理效果"作用黑箱，本章概念逻辑如图5—1所示。

图5—1　安全生产"目标考核—治理效果"黑箱概念逻辑

第二节　地方政府安全生产治理
行为：打开黑箱的钥匙

一　地方政府安全生产治理行为为什么能够打开"目标考核—治理效果"黑箱？

之所以将安全生产"目标考核—治理效果"界定为一个难以测量和分析的作用黑箱，是因为中央政府和地方政府在安全生产治理中的委托—代理关系。委托—代理模型强调，由于委托方和代理方不同主体之间目标并不相同，且存在信息不对称，组织设计的关键在于激励机制的安排，使得代理方的利益与委托方的目标保持一致，并采取与组织目标一致的行动。① 中央政府作为委托人试图通过目标考核这一激励机制约束地方政府行为，降低信息不对称、地方政企合谋等委托—代理风险；地方政府作为代理人具体负责辖区安全生产治理，治理效果则构成晋升所依据的政绩资本。由此，尽管目标考核制度意在降低委托—代理风险，但事实上可测可见的信息仍旧囿于事故结果指标。而激励制度下，地方政府究竟付出了多少治理努力、治理行为是否影响治理效果，仍旧是打开"目标考核—治理效果"作用黑箱尚未能得以解决的问题。

价值链理论认为，投入—过程—产出系统中，究竟能否实现投入产出的最大化，关键在于对过程的管理。然而，对过程的管理往往是缺失的，称之为过程黑箱。② 目标考核制度治理效果的产生可被看作是输入制度、生成公共价值的过程。若将"目标考核—治理效果"看作是一个由制度这一"投入"和效果这一"产出"构成的系统，"过程"则指地方政府在安全生产治理中所付出的努力，即治理行为。而另一方面，对中央和地方政府安全生产治理委托—代理关系进行逆向推理，之所以设计目标考核这一激励约束机制，是地方政府的治理努力即治理行为如何，信息不对称导致中央政府无从知晓。综合上述分析，地方政府治理行为恰是打开制度与效果之间黑箱的关键。

本书第一章第二节对各安全生产治理主体在安全生产治理中的责任维度进行了厘清，如前所述，不同于地（市）级地方政府，省级地方政府主要通过制定规划、确立目标、出台政策、做出承诺等方式进行安全生产治理，其治理行为在同其他治理主体的互动关系中形成。地方政府安全生产治理行为既是提升辖区安全生产治理效果的路径，也是政府治理的着力点。因此，对于地方政府治理行为的关注能够在一定程度上还

① M. C. Jensen and W. H. Meckling, Theory of the Firm: Managerial Behavior, Agency Costs and Capital Structure, *Journal of Financial Economics*, Vol. 3, No. 4, 1976, pp. 305 –360.
② 包国宪、［美］道格拉斯·摩根：《政府绩效管理学》，高等教育出版社 2015 年版，第 82 页。

原治理过程，弥补信息不完全，为基于事故结果控制指标的已有信息提供佐证，从而能够在安全生产治理系统性而事故发生偶然性的假设前提下更为客观地测度安全生产治理效果。

已有研究将地方政府的安全生产治理行为局限于对企业的监管行为，主要通过构建中央政府、地方政府、企业等安全生产利益相关者之间的博弈模型研究安全生产监管中的合作和博弈行为[1][2]，缺乏从宏观层面对地方政府安全生产治理行为的整体把握，更遑论基于治理行为的实证检验，而这主要原因在于难以对地方政府治理行为科学测度，更难以形成面板数据。由此要打开"目标考核—治理效果"黑箱，首要的关键问题就是：如何科学、恰当地对地方政府安全生产治理行为进行分析和测量。

二　地方政府安全生产治理行为的分析路径

以往对于政府行为的测度主要通过三种路径[3]进行：第一，通过分析政府主要领导人的个人动机和行为来分析政府行为。这类研究往往将政府在某一领域政策执行情况作为政府行为的外在表征，在"理性人"假设和委托—代理框架下，研究官员激励和动机对政策效果的影响，进而得出政府在执行政策中行为的相关信息，本书第四章检验晋升激励对安全生产治理效果的研究思路也正在于此。第二，通过对政府内部成员的访谈和问卷调查、参与式观察等勾勒政府组织行为。不同于第一种路径将分析对象集中于政府领导人，第二种路径主要通过实地调查从微观层面探讨基层公务员的动机和行为，如公共服务动机

---

① 陶长琪、刘劲松：《煤矿企业生产的经济学分析——基于我国矿难频发的经验与理论研究》，《数量经济技术经济研究》2007 年第 2 期。

② 胡文国、刘凌云：《我国煤矿生产安全监管中的博弈分析》，《数量经济技术经济研究》2008 年第 8 期。

③ 任弢、黄萃、苏竣：《公共政策文本研究的路径与发展趋势》，《中国行政管理》2017 年第 5 期。

对组织行为的影响①②③。第三，通过政府组织规模、政府预算和所出台的政策措施等具体行政行为等外部特征直接刻画组织行为。

从本书的目的和拟解决的问题出发，若只停留在第一种路径通过分析官员激励与动机研究政府行为，其研究结果仍旧停留在结果的层面；第二种路径不能得到宏观层面各省级政府既纵贯时间、又横向可比的全景信息；而第三种路径则为分析地方政府安全生产治理行为提供了可能。不同于前两种分析路径面临信效度不足的质疑，就政府特征测度组织行为可以更为直接、客观地把握政府行政过程，因而成为分析地方政府安全生产治理行为的可行方法。

詹姆森·安德森（James E. Anderson）则关注到政策是一个有目的的活动过程④。由此，政策具有明确的目的、目标和方向，是由一系列活动组成的过程。政策制定体现了政治家及其所在政治团体的意志，体现了政府的治理思路和价值导向，而公共政策则是政府治理行为的外在载体。本书将地方政府层面出台的公共政策作为分析其治理行为的着力点，是基于以下三点考虑：

第一，必要性。

公共政策兼具信息传递、价值宣示和记录功能⑤，作为政府处理公共事务的真实反映和行动印迹⑥，能够深入刻画政府行政过程，反映政策系统和政策过程，描绘政府与其他治理主体的互动，因而成为打开"目标考核—治理效果"的必要分析环节。

第二，可行性。

---

① M. J. Pedersen, Activating the Forces of Public Service Motivation: Evidence from a Low-Intensity Randomized Survey Experiment, *Public Administration Review*, Vol. 75, No. 5, 2015, pp. 734 – 746.

② J. L. Perry, and W. Vandenabeele, Public Service Motivation Research: Achievements, Challenges, and Future Directions, *Public Administration Review*, Vol. 75, No. 5, 2015, pp. 692 – 699.

③ A. M. S. Mostafa, J. S. Gould-Williams and P. Bottomley, High-Performance Human Resource Practices and Employee Outcomes: The Mediating Role of Public Service Motivation, *Public Administration Review*, Vol. 75, No. 5, 2015, pp. 747 – 757.

④ ［美］詹姆斯·E. 安德森：《公共决策》，唐亮译，华夏出版社 1990 年版，第 2 页。

⑤ 任弢、黄萃、苏竣：《公共政策文本研究的路径与发展趋势》，《中国行政管理》2017 年第 5 期。

⑥ 黄萃、任弢、张剑：《政策文献量化研究：公共政策研究的新方向》，《公共管理学报》2015 年第 2 期。

公共政策通常以标准政府公文（见《党政机关公文格式》GB/T 9704-2012）的形式出台并发布，作为客观、可追溯、可获取的文字记录，其结构化特征使得对文本的量化和编码成为可能。

第三，优越性。

对公共政策的量化或编码属于非直接介入性研究①，研究过程受研究者主观影响较小。同时，在规则明晰的前提下，编码过程可被重复检验，进而能够确保研究的信度。

三 地方政府安全生产治理行为的分析维度

从政策制定、执行和评估三个政策科学的要素环节来看，地方政府治理行为属于政策执行的范畴，政策执行是将政策目标转化为政策效果的途径。史密斯（T. B. Smith）提出了描述政策执行过程的模型，并指出影响政策执行的因素包括四个方面：第一，理想化的政策，即政策本身要合理和正确；第二，执行机构，即具体负责政策执行的政府及相应的职能部门；第三，目标群体，即政策直接影响的对象；第四，影响政策执行的政治、经济、文化等环境因素。② 基于此，安全生产目标考核制度的执行及其效果需要在考量环境因素的同时，刻画地方政府同各政策目标群体亦即政策客体的作用关系。

罗伯特·埃斯顿（Robert Eyestone）将政策理解为"政府机构和它周围环境之间的关系"③，而地方政府出台的安全生产治理政策同样也可被视为其同周围环境的关系。正如本书第一章对"安全生产治理"的界定所言，安全生产治理是企业、政府、行业和社会等多方主体共同参与、以期维持生产经营的安全状态、防范和减少生产安全事故的一系列活动。由此，地方政府安全生产治理从来就不是一出"独角戏"，治理行为体现了地方政府与其他治理主体的互动。例如，地方政府对辖区企业的监管

① ［美］艾尔·巴比：《社会研究方法》，邱泽奇译，华夏出版社 2005 年版，第 305—306 页。

② 陈振明：《政策科学：公共政策分析导论》，中国人民大学出版社 2003 年版，第 254—266 页。

③ ［美］托马斯·R. 戴伊：《理解公共政策》，谢明译，中国人民大学出版社 2011 年第十一版，第 1—7 页。

可以通过行政主体和行政相对人之间的关系进行分析，再如，地方政府颁布的辖区安全生产目标考核办法等则体现了其与下级政府的府际关系。基于此，可以看出地方政府安全生产治理将府际关系、政企关系和政社关系囊括在内，因而兼具"对台戏"和"大合唱"的特征。

由前所述，对地方政府治理行为的分析要考虑政府与其他主体的互动，表5—1将几种主体间互动关系及其相应的治理行为进行了列举。可以看出，一方面，就地方政府对辖区公众安全诉求的回应和对中央政策的响应来看，更多地是对治理结果的公布和表态，由于公布治理结果属于治理黑箱中的产出或对产出的预期，故对治理行为的分析应主要关注政府对于安全生产治理的承诺。而另一方面，地方政府对下级政府的管理和对辖区企业的规制则恰是其在安全生产治理事务中具体行为的表现。综上，本书拟从"知"和"行"两个层面对地方政府治理行为进行分析，"知"即政府对于辖区安全生产治理的承诺，体现了地方政府同中央政府、

表5—1 地方政府安全生产治理的主体互动

治理主体互动	主体间关系	治理行为	政策举例
地方政府与辖区公众	政民关系	回应公众安全诉求	《政府工作报告》对上一年度安全生产工作的回顾和下一年度的承诺
地方政府与上级政府	府际关系	响应中央安全生产治理精神	
地方政府与下级政府	府际关系	规范辖区政府安全生产治理	《北京市关于重大安全事故行政责任追究的规定》（北京市人民政府令〔2001〕76号）《广东省各级人民政府安全生产责任制考核办法》（粤府办〔2001〕97号）
地方政府与辖区企业	政企关系	规制辖区企业安全生产行为	《福建省企业安全生产级别评定标准》（闽安委办〔2008〕61号）《北京市安全生产监督管理局关于做好危险化学品生产企业安全生产许可证颁发管理工作的通知》（京安监发〔2012〕17号）

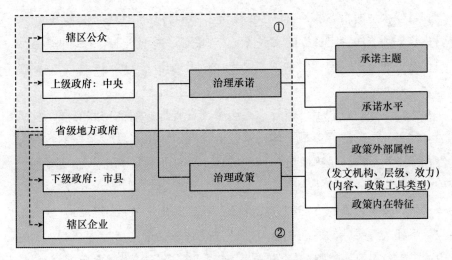

图5—2　地方政府安全生产治理行为的分析维度

注：左侧为安全生产治理主体，虚线箭头表示地方政府与其他安全生产治理主体的互动关系，①表示政府对于辖区安全生产治理的承诺，体现了地方政府同中央政府、辖区公众的治理关系，②表示地方政府在辖区安全生产治理事务中出台的具体政策，体现了地方政府与下级政府和辖区企业间的治理关系。右侧为地方政府安全生产治理行为。

辖区公众的治理关系；"行"即地方政府在辖区安全生产治理事务中出台的具体政策，是地方政府为实现安全生产目标而采取的政治行为或规定的行为准则。政府政策的出台具有具体的作用对象或客体，政策规定了客体该做什么不该做什么，规定哪些行为受鼓励哪些行为被禁止，从作用对象的角度，体现了地方政府与下级政府和辖区企业间治理关系的规范。通过对政府治理承诺和政府具体治理政策两个维度的分析，不仅能够呈现地方政府安全生产治理主体间的互动及其具体行为，而且有利于进一步分析晋升激励下地方政府安全生产治理中的目标偏差与知行差距。图5—2呈现了地方政府安全生产治理行为的分析维度，左侧为安全生产治理的各行动主体，右侧具体表示地方政府的治理行为。

具体而言，政府治理承诺是政府通过公开渠道向上级政府和公众做出的关于某领域工作的治理途径和期望目标。[①] 政府维护其声誉和合法性的意愿促使政府会通过相应的治理行为恪守承诺。[②] 组织目标包括目标维度和目标水平两个方面，目标维度规定了不同目标的优先选和偏好次序，目标水平则关注特定目标的实现情况。[③] 政府治理承诺是对组织期望达到目标的提前宣示，同样包括"在哪方面做出承诺"（What）和"承诺做什么"（How much）两个分析维度，即承诺主题设置和承诺水平选择[④]。面对复杂多元的公共治理目标，承诺主题设置即政府如何将有限的注意力分配于不同的治理领域，体现了政府在特定时期对某项工作的重视程度；承诺水平选择是指政府如何确定具体路径及预期标准从而实现业已确定政策议题的高绩效。[⑤]

　　遵循政府行为的第三种分析路径，通过对地方政府出台的有关安全生产治理政策文件的回溯能够窥探地方政府的安全生产治理行为。治理政策是指各级政府机关在特定时期为实现或服务于一定社会政治、经济、文化目标所采取的政治行为或规定的行为准则，是一系列谋略、法令、措施、办法、条例的等的总称。[⑥] 若要通过对地方政府出台的有关安全生产治理的政策的梳理来刻画地方政府治理行为，需要对政策进行量化分析。表5—2 显示，已有对政策进行量化分析的研究成果大多从政策数

---

① 杨君:《晋升预期、政策承诺与治理绩效——基于15 个副省级城市 GAR 的研究》,《公共行政评论》2011 年第5 期。M. Delmas and B. Heiman, Government Credible Commitment to the French and American Nuclear Power Industries, *Journal of Policy Analysis and Management*, Vol. 20, No. 3, 2001, pp. 433 – 456. R. G. Frank, Government Commitment and Regulation of Prescription Drugs, *Health Aff*, Vol. 22, No. 3, 2003, pp. 46 – 48.

② D. L. Brito, J. H. Hamilton, S. M. Slutsky, and J. E. Stiglitz, Dynamic Optimal Income Taxation with Government Commitment, *Journal of Public Economics*, Vol. 44, No. 1, 1989, pp. 15 – 35.

③ G. A. Shinkle, Organizational Aspirations, Reference Points, and Goals: Building on the Past and Aiming for the Future, *Journal of Management Official Journal of the Southern Management Association*, Vol. 38, No. 1, 2012, pp. 415 – 455.

④ 杨君、倪星:《晋升预期、政治责任感与地方官员政策承诺可信度——基于副省级城市2001—2009 年政府年度工作报告的分析》,《中国行政管理》2013 年第5 期。唐庆鹏、康丽丽:《价值、困境及发展:社会治理中的政府承诺机制析论》,《广东行政学院学报》2013 年第3 期。

⑤ 姜雅婷、柴国荣:《目标考核如何影响安全生产治理效果:政府承诺的中介效应》,《公共行政评论》2018 年第1 期。

⑥ 彭纪生、孙文祥、仲为国:《中国技术创新政策演变与绩效实证研究（1978—2006）》,《科研管理》2008 年第4 期。

量、政策力度和政策措施等维度进行,以期对政策特征和内容进行全面表达。借鉴政策文献计量和政策内容分析的思路,本书拟从政策外部属性和政策内在特征两个层面对地方政府安全生产治理行为进行呈现。

表5—2 政策量化分析相关研究列举

已有研究	研究对象	政策量化维度
彭纪生,仲为国,孙文祥①	技术创新政策	政策力度、政策措施、政策目标
张国兴、高秀林、汪应洛②	节能减排政策	政策力度、政策措施、政策目标
纪陈飞,吴群③	城市土地集约政策	政策力度、政策措施、政策目标
芈凌云、杨洁④	居民生活节能引导政策	政策力度、政策目标、政策措施、政策反馈
叶选挺、李明华⑤	半导体照明产业政策	发文时间、发文机构、政策内容

第一,政策外部属性。

从政策文献计量分析的角度,政策外部属性通过考察不同层级政策,亦即地方行政法规、地方政府规章和地方规范性文件的数量的多少,对政策发文机构、政策效力等政策的外部特征予以反映。而若对某一级别政策的数量进行统计,则可以从"量"和"质"两个层面考察地方政府的治理努力,一方面反映政府治理行为的密集程度,另一方面可以对所出台政策的效力进行评估,而政策效力描述了政策的法律效力和行政影响力,反映了某项政策措施的权威性、强制性和严肃性。

---

① 彭纪生、仲为国、孙文祥:《政策测量、政策协同演变与经济绩效:基于创新政策的实证研究》,《管理世界》2008 年第 9 期。

② 张国兴、高秀林、汪应洛、郭菊娥、汪寿阳:《中国节能减排政策的测量、协同与演变——基于1978—2013 年政策数据的研究》,《中国人口·资源与环境》2014 年第 12 期。

③ 纪陈飞、吴群:《基于政策量化的城市土地集约利用政策效率评价研究——以南京市为例》,《资源科学》2015 年第 11 期。

④ 芈凌云、杨洁:《中国居民生活节能引导政策的效力与效果评估——基于中国 1996—2015 年政策文本的量化分析》,《资源科学》2017 年第 4 期。

⑤ 叶选挺、李明华:《中国产业政策差异的文献量化研究——以半导体照明产业为例》,《公共管理学报》2015 年第 2 期。

第二，政策内部特征。

从政策内容分析的角度，政策内部特征是对政策内容的反映，主要指政府赖以推行政策的实际方法和手段，即政策工具（Policy Instrument）。[①] 国内外学者有关政策工具的研究较为丰富。政策工具的实质可以被归纳为实现政府行为的机制、政府推行政策的手段以及实现政策目标的活动三种观点。因此，政策工具既是实现政策目标的手段，又是为实现政策目标而制定的制度组合本身。

就政策工具的类型而言，欧文·休斯将政策工具分为供应、补贴、生产和管制四种；[②] 施奈德和英格拉姆（Schneider&Ingram）得出了类似的结论，将政策工具分为"激励"、"提高能力"、"象征和劝告"以及"学习"；[③] 豪利特和拉米什（Michael Howlett&M. Ranesh）以政府提供公共产品和服务的水平为标准，将政策工具依政府干预程度逐步降低的顺序，分为强制性政策工具、混合型政策工具和自愿性政策工具三种，其中，强制性政策工具包括管制、公共事业和直接提供，混合型政策工具包括信息和劝解、补贴、产权拍卖、税收及使用费，自愿性政策工具包括家庭和社区、自愿性组织和私人市场的参与。[④]

对于我国政府出台的政策工具分类的研究大多集中于环保治理领域，借鉴经济合作与发展组织（OECD）直接管制式、市场机制式和劝说式政策工具的划型标准[⑤]，我国学者大多将环保治理政策分为命令—控制型、

① ［加］迈克尔·豪利特、M. 拉米什：《公共政策研究：政策循环与政策子系统》，庞诗等译，生活·读书·新知三联书店 2006 年版，第 141 页。

② ［澳］欧文·E. 休斯：《公共管理导论》，张成福、王学栋等译，中国人民大学出版社 2001 年第二版，第 95—96 页。

③ A. S. H. Ingram, Behavioral Assumptions of Policy Tools, *Journal of Politics*, Vol. 52, No. 2, 1990, pp. 510 – 529.

④ ［加］迈克尔·豪利特、M. 拉米什：《公共政策研究：政策循环与政策子系统》，庞诗等译，生活·读书·新知三联书店 2006 年版，第 142—146 页。

⑤ Organization for Economic Co-operation and Development, *OECD Environmental Strategy for the First Decade of the 21st. Century; Adopted by OECD Environment Ministers*, 2001.

市场激励型和公众参与型政策工具①②③。由于安全生产治理与环境保护
和污染治理均是以政府为主导、企业、社会等多元主体共同参与的合作
治理模式，本书将地方政府出台的有关安全生产的法规、规章和规范性
文件分为命令—控制型、市场激励型和社会参与型三类。图5—3呈现了
地方政府安全生产治理三种政策工具图谱，其中，纵向维度表示各政策
工具的主要作用主体，横向维度表示政策工具的强制性，由图可知，三
种政策工具的强制性由左向右逐渐减弱。表5—3对地方政府颁布出台的
安全生产治理三种政策工具进行了举例。

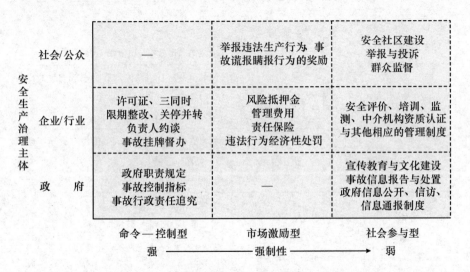

图5—3　地方政府安全生产治理政策工具图谱

①　王红梅、王振杰：《环境治理政策工具比较和选择——以北京 PM2.5 治理为例》，《中国行政管理》2016 年第 8 期。

②　杨志军、耿旭、王若雪：《环境治理政策的工具偏好与路径优化——基于 43 个政策文本的内容分析》，《东北大学学报》（社会科学版）2017 年第 3 期。

③　毛万磊：《环境治理的政策工具研究：分类、特性与选择》，《山东行政学院学报》2014年第 4 期。

表 5—3　　　　　　地方政府安全生产治理三种政策工具举例

政策工具类型		安全生产治理主体	政策举例
命令—控制型	事前/中控制	企业/行业	《湖北省企业安全生产主体责任规定》（湖北省人民政府令〔2010〕第 339 号）
		政府	《安徽省人民政府安全生产职责暂行规定》（皖政〔2001〕65 号）
	事后控制	企业/行业	《天津市安全生产违法行为行政处罚细则》（试行）（津安监管法字〔2006〕56 号）
		政府	《北京市关于重大安全事故行政责任追究的规定》（北京市人民政府令〔2001〕76 号）
市场激励型		社会/公众	《新疆维吾尔自治区生产安全事故举报奖励暂行办法》（新政办发〔2007〕184 号）
		企业/行业	《甘肃省企业安全生产风险抵押金管理实施暂行办法》（甘财建〔2007〕11 号）
社会参与型		社会/公众	《上海市市级安全社区基本条件》（试行）（沪安委办〔2008〕37 号）
		企业/行业	《关于印发〈吉林省安全生产培训机构资格认定管理办法〉》（暂行）的通知（吉安监管法字〔2003〕20 号）
		政府	《江苏省生产安全事故信息报告和处置办法》（苏安〔2010〕11 号）

第一，安全生产治理命令—控制型政策工具。

命令—控制型政策工具是指各级政府部门通过行政命令等强制性手段对安全生产进行直接管理和强制监督。安全生产治理命令—控制型政策工具的主要作用对象有二：其一，对同级政府部门或下级政府及相应职能部门的命令与控制，主要表现为省级政府下达安全生产控制指标、规定安全生产治理责任、明确事故行政追究责任等等；其二，对生产经营单位安全生产过程的命令与控制，主要有行业许可证制度、"三同时"①制度、限期整改治理制度、企业主要负责人约谈制度、企业关停并转、事故挂牌督办制度等等。命令—控制型政策工具可进一步区分为"事前/中控制"和"事后控制"② 两类，"事前/中控制"力图将安全治理前置达到事故防范的目的，"事后控制"则为事故处理、行政处罚与追责提供了依据。命令—控制型政策工具是安全生产治理最为常见的政策类型，其优点在于高度强制性，然而一刀切式的直接管制缺乏灵活性和科学性，命令式管制难以激发企业安全生产治理的动力的积极性。

第二，安全生产治理市场激励型政策工具。

市场激励型政策工具将收费、补贴、保险等市场手段引入安全生产治理中，试图运用经济激励手段，推动企业在安全治理成本、收益之间做出最优选择，进而通过市场信号而非控制标准进行行为约束，达到安全生产治理的目的。市场激励型政策工具主要包括对企业安全生产行为的经济性处罚、企业安全生产风险抵押金和安全生产费用、安全生产责任保险，此外，还包括针对社会公众的举报违法生产行为、官商勾结行为、事故瞒报谎报行为的奖励等等。市场激励型政策工具建立在"理性人"假设基础之上，能够有效激发各参与主体的理性行为，进而有助于安全生产治理良性循环的形成。

第三，安全生产治理社会参与型政策工具。

社会参与型政策工具是指除命令和激励措施外，政府吸纳企业、公众和其他利益相关主体参与到安全生产治理中，以创造参与途径，回应公众诉求。主要包括政府部门主导的社会参与型政策工具和公众主导的社会参与型政策工具，其中，政府部门主导政策既包括政府部门规定的事故信息通报、信息公开，也包括吸纳除政府和生产经营单位的第三方作为安全评价、培训、监测等中介机构；而公众主导的社会参与型政策工具主要是指公众对于违法生产行为、生产安全事故等的监督、举报和

---

① "三同时"是指新建、改建、扩建项目的安全设施必须与主体工程同时设计、同时施工、同时投入生产和使用。对未通过"三同时"审查的建设项目，有关部门不予办理行政许可手续，企业不准开工投产。

② 王红梅：《中国环境规制政策工具的比较与选择——基于贝叶斯模型平均（BMA）方法的实证研究》，《中国人口·资源与环境》2016 年第 9 期。

投诉，以及安全社区建设等。社会参与型政策工具体现了政府部门同其他主体的互动，能够广泛吸纳不同主体参与到安全生产治理中来，对"命令控制型"和市场激励型政策工具形成了有益补充。

第三节　研究假设及实证模型

一　安全生产目标考核制度与安全生产治理效果

本书第五章在第四章的基础上增加了对地方政府安全生产治理行为这一中介机制的检验，故两个章节的主效应是一致的。由于第四章第二节已对安全生产目标考核制度与治理效果之间关系研究假设的提出做出了论证，故在此不再赘述。出于本章研究假设完整性的考虑，提出本章主效应假设如下：

H1：安全生产目标考核制度实施后，地方政府安全生产治理效果显著提升。

二　安全生产目标考核制度与地方政府治理行为

在中央政府与地方政府安全生产治理委托—代理关系中，省级地方政府作为代理人具有双重身份，其一，传达和执行中央政府的政策和精神，其二，解决地方经济社会发展的矛盾和问题。[①] 地方政府的双重身份决定了其既要响应中央政策，回应辖区公众诉求，又要妥善处理好辖区公共事务，特别是对辖区企业的监管，以上活动都是地方政府治理行为的重要组成。而目标考核作为委托—代理关系中的一项激励机制，地方政府只有投入治理努力才能取得预期治理效果，从而达到激励相容。由此，目标考核能够激发地方政府进行安全生产治理的积极性，并在"知"和"行"两方面做出反映。

（一）安全生产目标考核制度与地方政府治理承诺

地方政府治理承诺通过公开渠道权威发布，不仅是对上级政府和公

---

① 赵静、陈玲、薛澜：《地方政府的角色原型、利益选择和行为差异——一项基于政策过程研究的地方政府理论》，《管理世界》2013 年第 2 期。

众负责的体现，也是政府自我约束和加压的结果。[①] 由此，政府承诺能够提升政府对公众诉求的回应性，增强政府执政的合法性，从而改善公共事务治理绩效。[②] 政府承诺包括"在哪方面做出承诺"（What）和"承诺做什么"（How much）两个分析维度，即承诺主题设置和承诺水平选择。[③] 面对复杂多元的公共治理目标，承诺主题设置即政府如何将有限的注意力分配于不同的治理领域，体现了政府在特定时期对某项工作的重视程度；承诺水平选择是指政府如何确定具体路径及预期标准从而实现业已确定政策议题的高绩效。[④]

西方国家政党领导人以竞选演说、国情咨文等为典型的政府承诺形式。[⑤] 作为各级人大对同级政府的首要问责机制，我国各级政府每年初公布的《政府工作报告》因其权威性、公开性和规律性成为最主要的政府承诺。就内容构成而言，《政府工作报告》既要汇报上一年度承诺的履行情况，也要确定本年度各项工作的承诺目标，[⑥] 所列目标不仅是对中央政策的回应，同时也是地方政府自我约束的结果。[⑦] 已有研究基于对湖北和安徽两省《政府工作报告》产生过程和报告内容的考察和调研，发现地方政府在保持与中央大政方针的高度一致性的同时，拥有规划辖区政府

---

① 姜雅婷、柴国荣：《目标考核如何影响安全生产治理效果：政府承诺的中介效应》，《公共行政评论》2018 年第 1 期。

② 唐庆鹏、康丽丽：《价值、困境及发展：社会治理中的政府承诺机制析论》，《广东行政学院学报》2013 年第 3 期。杨君：《政府年度工作报告：官员问责机制建设的一个新视角》，《中国行政管理》2011 年第 4 期。

③ 杨君、倪星：《晋升预期、政治责任感与地方官员政策承诺可信度——基于副省级城市 2001—2009 年政府年度工作报告的分析》，《中国行政管理》2013 年第 5 期。

④ 姜雅婷、柴国荣：《目标考核如何影响安全生产治理效果：政府承诺的中介效应》，《公共行政评论》2018 年第 1 期。

⑤ 杨君、倪星：《晋升预期、政治责任感与地方官员政策承诺可信度——基于副省级城市 2001—2009 年政府年度工作报告的分析》，《中国行政管理》2013 年第 5 期。

⑥ 杨君：《晋升预期、政策承诺与治理绩效——基于 15 个副省级城市 GAR 的研究》，《公共行政评论》2011 年第 5 期。杨君：《政府年度工作报告：官员问责机制建设的一个新视角》，《中国行政管理》2011 年第 4 期。

⑦ 马亮：《绩效排名、政府响应与环境治理：中国城市空气污染控制的实证研究》，《南京社会科学》2016 年第 8 期。

工作重心的自主性。① 干部考核制度下，地方官员既要完成中央明确规定的目标任务，同时也要迎合当地发展实际，而《政府工作报告》的内容使得自上而下控制和地方自治两种内在动力机制得以实现。② 同时，《政府工作报告》固有的公开性和权威性使得其针对某项工作所做出的政府承诺能够在一定程度上反映政府的治理努力和治理行为。

在中央对地方政府的政绩考核体系中，不同领域治理工作所占比重的不同决定了地方政府治理的偏好和优先顺序，而安全生产、节能减排、社会稳定等目标考核事项则被赋予了一定的优先权，甚至可能会因未能完成目标任务而被"一票否决"。③ 考核结果与官员晋升预期相关联进一步放大了目标考核带来的问责压力和激励效应，由此，目标考核的政治理性主要体现在上级政府对下级政府在政策执行中的有效控制，④ 而这种控制首先会通过地方政府对中央施政重心的响应来体现。已有研究表明问责带来的压力会作用于政府响应。⑤ 因此，迫于目标考核的问责压力，地方政府会通过公开的政府承诺积极响应中央政策，将中央施政重心载于各省每年初发布的《政府工作报告》之中。安全生产目标考核出台后，地方政府会从资源和能力配置等方面对安全生产治理给予更多的关注；同时，为了完成目标考核的要求，规避考核问责的风险，地方政府会通过制定明确的治理措施、甚至确定预期标准的方式，表征其与中央大政方针的一致性，彰显地方官员的治理决心，⑥ 从而实现"上下联动，全国一盘棋"的良性治理局面。基于上述分析，提出以下研究假设：

---

① Z. Wang, Government Work Reports: Securing State Legitimacy through Institutionalization, *The China Quarterly*, Vol. 229, No. 1, 2017, pp. 195 – 204.

② Z. Wang, Who Gets Promoted and Why? Understanding Power and Persuasion in China's Cadre Evaluation System, *Social Science Electronic Publishing*, 2013.

③ M. Edin, State Capacity and Local Agent Control in China: CCP Cadre Management from A Township Perspective, *China Quarterly*, Vol. 173, No. 173, 2003, pp. 35 – 52.

④ J. Gao, Political Rationality vs. Technical Rationality in China's Target-based Performance Measurement System: The Case of Social Stability Maintenance, *Policy & Society*, Vol. 34, No. 1, 2015, pp. 37 – 48.

⑤ T. Besley and R. Burgess, The Political Economy of Government Responsiveness: Theory and Evidence from India, *The Quarterly Journal of Economics*, Vol. 117, No. 4, 2002, pp. 1415 – 1451.

⑥ 姜雅婷、柴国荣：《目标考核如何影响安全生产治理效果：政府承诺的中介效应》，《公共行政评论》2018 年第 1 期。

H2-1：目标考核制度出台后，地方政府关于安全生产治理的承诺增加。

H2-1a：与目标考核出台前相比，目标考核出台后地方政府对安全生产治理分配更多的注意力。

H2-1b：与目标考核出台前相比，目标考核出台后地方政府更可能制定具体的安全生产治理措施，或确立明确的安全生产治理目标。

（二）安全生产目标考核制度与地方政府治理政策

托马斯·戴伊（Thomas Dye）将公共政策界定为"政府选择要做或者不做的事"，[①] 尽管从内涵上来讲，这一界定较为简洁，但却明确指出只有那些政府做出选择决定要采取行动的活动，才能称之为公共政策。基于此，地方政府安全生产治理政策通过对政策客体发生作用，明确了各级政府及相关职能部门的职责权限，规定了企业在生产经营中的安全生产行为，建立了生产安全事故发生的处置程序和追责机制，同时确立了安全生产治理目标和达到目标的诸多手段，从而成为地方政府治理行为的最为直观的外在体现。由此，公共政策能够被视为政府治理行为的客观"印迹"，透过对公共政策的分析，能够窥探地方政府的安全生产治理行为。

安全生产目标考核制度的出台将中央政府的治理决心传导至地方政府，赋予了安全生产在众多地方治理事务中的重要地位，而治理政策作为政府干预经济、社会和政治的方法，是政府行动的关键环节，也是地方政府治理行为的直接表达。通过出台相应的治理政策，政府在公共管理活动中的计划、组织、领导、监督和控制功能才能得以实现。例如，地方政府制定的安全生产规划能够对如何实现安全生产治理目标和任务做出安排，并制定系统的行动方案和有序的行为步骤；而对政府及相应职能部门机构、人员的调整、职责的确定则体现了为实现安全生产治理目标任务政府组织职能的发挥。就具体的公共政策层级而言，地方行政法规和政府规章确立了相关事项的权威性和强制性，规范性文件则更具指导性和操作性；安全生产目标考核的执行依靠科层制下的权力链层层执行，与之相适应，强制性的命令—控制型政策工具能够通过制度明确

①　[美] 托马斯·R. 戴伊：《理解公共政策》，谢明译，中国人民大学出版社2011年第十一版，第1—7页。

相关主体被许可和禁止的行为，硬性的制度约束更能达到刚性的目标任务；然而，安全生产治理是一个包含政府、企业、社会、公众等多方主体的复杂系统，目标考核实施后，国务院进一步强调动员全社会力量，实现安全生产治理多方主体的齐抓共管，以构建"政府统一领导、部门依法监管、企业全面负责、群众参与监督、全社会广泛支持"的安全生产工作格局。由此，全国"安全生产月"、"安全生产万里行"等旨在形成全社会安全氛围的活动层出不穷，职工监督、社会监督、群众监督和新闻媒体监督等渠道逐步畅通，各类协会、学会、中心等中介机构和社团组织的作用得以发挥。据此，提出以下假设：

H2-2：目标考核制度出台后，地方政府出台的关于安全生产治理政策数量增加，命令—控制型政策工具数量增加，与单一命令—控制型政策工具相比，地方政府更可能出台组合型政策工具。

H2-2a：与目标考核出台前相比，目标考核出台后地方政府出台的安全生产治理行政法规和政府规章数量显著提升。

H2-2b：与目标考核出台前相比，目标考核出台后地方政府出台的安全生产治理规范性文件数量显著提升。

H2-2c：与目标考核出台前相比，目标考核出台后地方政府出台的安全生产治理命令—控制型政策工具数量显著提升。

H2-2d：与目标考核出台前相比，目标考核出台后地方政府更可能出台安全生产治理组合型政策工具。

三 地方政府治理行为与安全生产治理效果
（一）地方政府治理承诺与安全生产治理效果

政府治理承诺对安全生产治理效果的影响主要通过承诺对地方政府治理行为的引导而产生。具体地，承诺主题设置着重解决的是有限的政府注意力如何配置的问题，组织注意力基础观认为组织的注意力是决策者对议题及其解决方案的觉察、编码、解释并集中投入时间和精力的过程[①]，注意

[①] W. Ocasio, Attention to Attention, *Organization Science*, Vol. 22, No. 5, 2011, pp. 1286 - 1296.

力配置由关注、解释和行动三个环节组成。① 由此，注意力配置不仅显示了政府对特定领域工作的重视程度，更指引了政府对特定工作领域资源配置和职能设置等行动过程，而《政府工作报告》是政府进行资源配置和精力投入的指挥棒。文宏等以1954—2013年中央《政府工作报告》为依据，发现随时间推移，政府对于基本公共服务方面的注意力不断增长；② 对中部六省2007—2012年《政府工作报告》的研究发现政府公共服务注意力配置与公共财政资源投入方向正相关，③ 进一步验证了政府会对注意力配置重点领域投入更多的资源和能力。就安全生产而言，注意力配置意味着政府投入更多的资源和能力以加大政府安全监管力度，通过宣传和培训提升工人素质、营造安全生产氛围等，而资源与能力的持续投入则是制度得以产生治理效果的前提和保证。④

由此，承诺主题确定了政府资源和能力分配的重心，而承诺水平则进一步明确了确保资源和能力发挥作用的实现路径和具体措施，或者规定预期的治理目标和标准，体现了政府对于某领域治理目标的自我约束和主动加压。⑤ 目标设置理论（Goal Setting Theory）认为，组织目标明确能够提升组织绩效，⑥ 而目标模糊（Goal Ambiguity）往往会对组织绩效⑦、员工

---

① R. L. Daft and K. E. Weick, Toward a Model of Organizations as Interpretation Systems, *Academy of Management Review*, Vol. 9, No. 2, 1984, pp. 284 – 295.

② 文宏：《中国政府推进基本公共服务的注意力测量——基于中央政府工作报告（1954—2013）的文本分析》，《吉林大学社会科学学报》2014年第2期。

③ 文宏、赵晓伟：《政府公共服务注意力配置与公共财政资源的投入方向选择——基于中部六省政府工作报告（2007—2012年）的文本分析》，《软科学》2015年第6期。

④ 姜雅婷、柴国荣：《目标考核如何影响安全生产治理效果：政府承诺的中介效应》，《公共行政评论》2018年第1期。

⑤ 姜雅婷、柴国荣：《目标考核如何影响安全生产治理效果：政府承诺的中介效应》，《公共行政评论》2018年第1期。

⑥ E. A. Locke and G. P. Latham, A Theory of Goal Setting & Task Performance, *Academy of Management Review*, 1990, pp. 480 – 483. G. P. Latham and E. A. Locke, Self-regulation through Goal Setting, Organizational Behavior & Human Decision Processes, Vol. 50, No. 2, 1991, pp. 212 – 247.

⑦ Su Jung C and G. Rainey H, Organizational Goal Characteristics and Public Duty Motivation in US Federal Agencies, *Review of Public Personnel Administration*, Vol. 31, No. 1, 2009, pp. 28 – 47. Stazyk E and T. Goerdel H, The Benefits of Bureaucracy: Public Managers' Perceptions of Political Support, Goal Ambiguity, and Organizational Effectiveness, *Journal of Public Administration Research and Theory*, Vol. 21, No. 4, 2010, pp. 645 – 672.

工作满意度[①]等产生负面影响。已有研究发现若项目未确立明确的量化目标，则绩效评分相对较低。[②]《政府工作报告》所承诺的安全生产治理措施是政府治理行为的直接体现，其历时特征使得本年度的承诺实现情况能够与上一年度预期目标进行对比，[③] 这进一步放大了政府承诺的约束效应。因此，政府承诺的治理措施和预期标准越明确，越能体现政府投入治理努力的决心和勇气，进而治理效果越好。综合上述分析，提出以下假设：

H3 - 1：地方政府治理承诺与安全生产治理效果正相关。

H3 - 1a：地方政府对安全生产注意力配置程度越高，安全生产治理效果越好。

H3 - 1b：地方政府承诺的安全生产治理措施越具体，治理目标越明确，安全生产治理效果越好。

（二）地方政府治理政策与安全生产治理效果

地方政府出台的安全生产治理政策为什么能够提升治理效果？对这一问题的回答可从公共政策在公共管理活动中的基础性地位入手得到解答。政府出台公共政策是为了解决公共事务治理中存在或正在发生的问题，通过调动各种组织机构，调配各种社会资源，运用各种功能手段，达到社会稳定和经济发展以及规范行为的目的。[④] 公共政策是公共管理的基础，政策是实施行为的确定。公共组织通过制定政策实施方案，把政策目标分解为具体的执行目标或阶段目标，确定详细的可操作性的行动步骤，合理配置人力财力物力，从而实现政策目标。由此，地方政府的安全生产治理行为通过政策予以形成、规范并落实，没有政策就没有目标明确和卓有成效的执行，也就不存在所谓的治理行为。再者，从公共

---

① Su Jung C, Organizational Goal Ambiguity and Job Satisfaction in the Public Sector, *Journal of Public Administration Research and Theory*, Vol. 24, No. 4, 2013, pp. 955 – 981.

② Su Jung C, Extending the Theory of Goal Ambiguity to Programs: Examining the Relationship between Goal Ambiguity and Performance, *Public Administration Review*, Vol. 74, No. 2, 2014, pp. 205 – 219.

③ Ma. Liang, Performance Feedback, Government Goal-setting and Aspiration Level Adaptation: Evidence from Chinese Provinces, *Public Administration*, Vol. 94, No. 2, 2016, pp. 452 – 471.

④ 陈振明：《公共管理学——一种不同于传统行政学的研究路径》，中国人民大学出版社2003年第二版，第226—260页。

政策的功能来看，政策的导向功能能够通过制约或促进作用的发挥，引导人们的行为或事物朝着政策制定者所期望的方向发展，规定目标、确定方向，统一认识、协调行动。①

具体地，从治理政策出台层级来看，由各省（区、市）人民代表大会通过的地方行政法规和省（区、市）人民政府颁布的政府规章明确了安全生产治理在地方治理事务中的权威性和强制性，作为地方政府能够颁发的最高级别的法规制度，能够最大限度地发挥地方法规制度的震慑力，从而以强制力和约束力约束相关主体的安全生产行为；而地方规范性文件往往更能够贴近省（区、市）经济社会发展实际，更具实践指导性和现实操作性，从而能够成为对地方安全生产治理最为直接和有效的约束手段。安全生产治理作为长期未得到解决的社会痼疾，各方主体利益交叠，政企合谋、违规生产等现象层出不穷，从治理政策工具类型来看，命令—控制型政策工具通过依靠科层制能够最大限度地发挥其约束和震慑作用，从而改善安全生产状况；然而，安全生产治理是一个包含政府、企业、社会、公众等多方主体的复杂系统，单纯依靠政府命令—控制型政策工具不利于企业自发的技术改造、社会公众安全意识的提升等。职工监督、社会监督、群众监督和新闻监督能够最大限度地吸纳社会参与，而对企业风险抵押金、安全生产责任保险和违法行为罚金等能够进一步强化生产经营单位的安全生产责任，由此，命令—控制、市场激励和社会参与组合政策工具能够弥补单一类型政策的缺陷，激发多方主体的治理积极性，促进安全生产治理长效机制的建立。综合上述分析，提出以下假设：

H3－2：地方政府出台的治理政策数量与安全生产治理效果正相关；较之于单一命令—控制型政策，组合型政策工具的安全生产治理效果更好。

H3－2a：地方政府出台的有关安全生产治理的法规规章数量越多，安全生产治理效果越好。

H3－2b：地方政府出台的有关安全生产治理的规范性文件数量越多，

① 陈振明：《政策科学：公共政策分析导论》，中国人民大学出版社 2003 年版，第 52—53 页。

安全生产治理效果越好。

H3 - 2c：地方政府出台的有关安全生产治理的命令—控制型政策工具数量越多，安全生产治理效果越好。

H3 - 2d：较之于单一命令—控制型政策工具，地方政府出台组合型政策工具，安全生产治理效果越好。

四 地方政府治理行为的中介效应

价值链理论认为，投入—过程—产出系统中，究竟能否实现投入产出的最大化，关键在于对过程的管理。然而，对过程的管理往往是缺失的，称之为过程黑箱。[①] 目标考核制度治理效果的产生可被看作是输入制度、生成公共价值的过程，而地方政府的安全生产治理行为则可被看作是制度生成公共价值的中间变量与关键环节。主要原因在于：其一，目标考核制度作为解决央地安全生产治理委托—代理问题的一项激励机制，其效果的产生依托于代理人的实际行为，即地方政府在制度激励下如何进行规范辖区企业的安全生产经营活动、如何营造全社会安全生产氛围，即如何进行辖区安全生产治理；其二，地方政府治理行为通过地方政府与安全生产治理各主体的互动和作用而得以具体形成，包括其如何响应上级政府的目标任务和治理政策、如何回应辖区公众的安全需求、如何规制辖区企业进行安全生产经营活动、如何规范同级政府职能部门以及下级政府及相应职能部门的责任，而由本章第二节所述，上述活动可以在地方政府治理承诺与地方政府治理政策中得以反映。

具体地，政府治理承诺明确规定了政府要做什么、如何去做以及要达到什么样的标准，能够在一定程度上对其行为逻辑做出解释，是从政府治理行为入手分析和识别制度过程、进而打开"制度"输入和"效果"输出黑箱的突破口。由前所述，目标责任制下，地方政府会首先通过在《政府工作报告》中做出政府承诺的形式响应中央政策，而承诺事项引导了地方政府资源和能力的配置方向，所承诺的治理措施直接显示了政府

---

① 包国宪、［美］道格拉斯·摩根：《政府绩效管理学》，高等教育出版社 2015 年版，第 82 页。

的治理努力，预期标准则进一步彰显了政府的治理决心和责任①。由此，目标考核下政府承诺主题和承诺水平能够在一定程度上表征政府的安全生产治理行为，目标考核能否产生治理效果部分地取决于政府的治理承诺。

政府治理政策则反映了地方政府安全生产治理行为的行动轨迹，公共政策的信息传递、价值宣示和记录功能使得其能够真实刻画政府处理公共事务的行政过程，能够描绘政府引导下如何对其他安全生产治理主体的行为进行规范，正是由于治理政策是政府实际治理行为的外在载体，故对其外部属性和内部特征的分析成为了打开"目标考核—治理效果"黑箱的必要分析环节。不同层级出台的治理政策反映了宏观指导和具体操作两类政策的密集程度，而不同类型的治理政策工具则反映了政府进行安全生产治理的具体手段、措施和方法。由此，治理政策的发布层级、数量、效力、政策工具类型等能够对目标考核制度与安全生产治理效果之间的关系做出解释。基于上述分析，提出以下假设：

H4：地方政府治理行为在目标考核制度与安全生产治理效果之间起到了中介作用。

H4－1：治理承诺在目标考核对安全生产治理效果的影响中起到了中介作用，即目标考核通过治理承诺影响安全生产治理效果。

H4－2：治理政策在目标考核对安全生产治理效果的影响中起到了中介作用，即目标考核通过政府治理政策影响安全生产治理效果。

综上，在相关理论和已有实证研究的基础上，本书提出检验安全生产目标考核制度治理效果中间作用机制的理论假设，见表5—4。

---

① 姜雅婷、柴国荣：《目标考核如何影响安全生产治理效果：政府承诺的中介效应》，《公共行政评论》2018 年第 1 期。

表5—4　　安全生产目标考核制度治理效果中间机制检验研究假设

假设类别	序号	研究假设
安全生产目标考核制度与安全生产治理效果	H1	安全生产目标考核制度出台后，地方政府安全生产治理效果显著提升
安全生产目标考核制度与地方政府治理行为：治理承诺	H2-1	目标考核制度出台后，地方政府关于安全生产治理的承诺增加
	H2-1a	与目标考核出台前相比，目标考核出台后地方政府对安全生产治理分配更多的注意力
	H2-1b	与目标考核出台前相比，目标考核出台后地方政府更可能制定具体的安全生产治理措施，或确立明确的安全生产治理目标
安全生产目标考核制度与地方政府治理行为：治理政策	H2-2	目标考核制度出台后，地方政府出台的关于安全生产治理政策数量增加，命令—控制型政策工具数量增加，与单一命令—控制型政策工具相比，地方政府更可能出台组合型政策工具
	H2-2a	与目标考核出台前相比，目标考核出台后地方政府出台的安全生产治理行政法规和政府规章数量显著提升
	H2-2b	与目标考核出台前相比，目标考核出台后地方政府出台的安全生产治理规范性文件数量显著提升
	H2-2c	与目标考核出台前相比，目标考核出台后地方政府出台的安全生产治理命令—控制型政策工具数量显著提升
	H2-2d	与目标考核出台前相比，目标考核出台后地方政府更可能出台安全生产治理组合型政策工具
地方政府治理行为（治理承诺）与安全生产治理效果	H3-1	地方政府治理承诺与安全生产治理效果正相关
	H3-1a	地方政府对安全生产注意力配置程度越高，安全生产治理效果越好
	H3-1b	地方政府承诺的安全生产治理措施越具体，治理目标越明确，安全生产治理效果越好
地方政府治理行为（治理政策）与安全生产治理效果	H3-2	地方政府出台的治理政策数量与安全生产治理效果正相关；较之单一命令—控制型政策，组合型政策工具的安全生产治理效果更好
	H3-2a	地方政府出台的有关安全生产治理法规规章数量越多，安全生产治理效果越好

续表

假设类别	序号	研究假设
地方政府治理行为（治理政策）与安全生产治理效果	H3－2b	地方政府出台的有关安全生产治理的规范性文件数量越多，安全生产治理效果越好
	H3－2c	地方政府出台的有关安全生产治理的命令—控制型政策工具数量越多，安全生产治理效果越好
	H3－2d	较之于单一命令—控制型政策工具，地方政府出台组合型政策工具，安全生产治理效果越好
地方政府治理行为的中介效应	H4	地方政府治理行为在目标考核制度与安全生产治理效果之间起到了中介作用
	H4－1	治理承诺在目标考核对安全生产治理效果的影响中起到了中介作用，即目标考核通过治理承诺影响安全生产治理效果
	H4－2	治理政策在目标考核对安全生产治理效果的影响中起到了中介作用，即目标考核通过政府治理政策影响安全生产治理效果

实证研究模型由图5—4进行呈现，其中，（a）表示地方政府治理承诺的中介效应模型，（b）表示地方政府治理政策的中介效应模型。

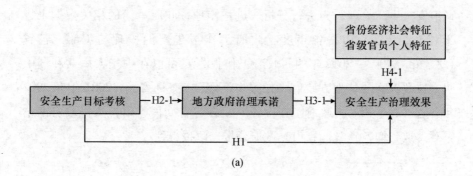

(a)

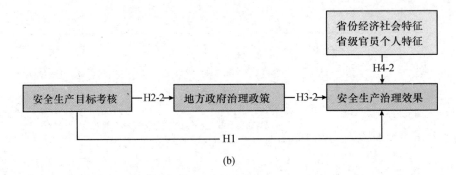

(b)

图5—4　晋升激励下安全生产目标考核制度治理效果中间机制实证模型

第四节　研究方法

一　样本选取与数据来源

从研究内容来看，本章是在第四章的基础上，试图通过对地方政府安全生产治理行为的关注，实证分析安全生产目标考核制度实施效果的中间机制，从而打开"目标考核—治理效果"作用黑箱，故同样搜集30个省级政府（不含香港、澳门和西藏）2001—2012年间的面板数据，核心解释变量与被解释变量与第四章保持一致，因此相关变量的数据来源此处不再赘述。

在此着重对地方政府安全生产治理行为的数据来源进行说明。如前所述，本书拟通过政府承诺和政府具体出台的治理政策两个维度对地方政府安全生产治理行为进行分析。进一步地，政府承诺的相关数据来自于对各省（区、市）各年度《政府工作报告》的梳理与编码，各省（区、市）2003—2012年的《政府工作报告》可以在中华人民共和国中央人民政府官网"地方政府工作报告汇编"① 查询得到，2001年和2002年各省（区、市）《政府工作报告》则在各省（区、市）人民政府网站下载，或查询各省（区、市）政府公报、政报得到。

---

① 中华人民共和国中央人民政府网：《地方政府工作报告汇编（2003年至2013年）》，2006年7月25日，http://www.gov.cn/test/2006-07/25/content_344709.htm，2017年10月3日。

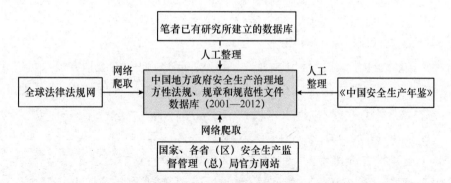

图5—5　"中国地方政府安全生产治理地方性法规、规章及文件数据库"
（2001—2012）多重证据来源的"三角验证"

　　地方政府安全生产治理行为则需要搜集各省（区、市）各年度出台的有关安全生产的地方行政法规、地方政府规章和行政规范性文件。为完整、全面地对地方政府安全生产治理行为予以反映，本书试图借助网络爬虫技术，辅之以人工整理识别，力图实现多重证据来源的"三角验证"，具体见图5—5。就具体操作流程而言，第一，政策抓取方面，考虑到各省（区、市）安全生产监督管理局是各省（区、市）发布各类政策文件的官方渠道，由此本书以各省（区、市）安全生产监督管理局官方网站为抓取范围，选取诸如法律法规、政策解读等存放政策文本的为采集模块，通过 python3.6、八爪鱼采集器等网络爬虫软件批量抓取选定模块中的全部政策文本，力图确保文本抓取的全面性和完整性；同时，对专门收录法律法规政策的网站——全球法律法规网①中地方有关安全生产的政策文本进行爬取；第二，摘录各年度《中国安全生产年鉴》中"省、自治区、直辖市有关安全生产的地方性法规、规章及文件（目录）"部分；最后，基于笔者已有关于我国2001—2015年安全生产问责制度演进逻辑研究所建立的政策文本数据库，②通过对各证据来源的政策文件进行交叉比对，并去除有关政府职能部门内部管理的政策文件，最终形成

---

　　① 资料来源：全球法规网—中国商务法规，http：//ggfg. policy. mofcom. gov. cn/claw/index. shtml。

　　② 姜雅婷、柴国荣：《安全生产问责制度的发展脉络与演进逻辑——基于169份政策文本的内容分析（2001—2015）》，《中国行政管理》2017年第5期。

"中国地方政府安全生产治理地方性法规、规章及文件数据库"（2001—2012），共收录政策 1464 条。

按照《中华人民共和国立法法》（2015 年修订），省级地方政府可以颁布出台的政策包括地方行政法规、地方政府规章和地方规范性文件。其中，地方行政法规由省人民代表大会颁布，地方政府规章由省人民政府颁布，地方规范性文件由省人民政府和省直部门颁布。表 5—5 和图 5—6 分别按省份和政策类别对政策文本数据库的基本信息进行了统计。表 5—5 显示，2001—2012 年间，出台安全生产治理政策最多的五个省（区、市）分别是贵州省（136 条）、吉林省（122 条）、北京市（79 条）、江苏省（74 条）和山东省（74 条）。

表 5—5　　　2001—2012 年各省（区、市）出台的有关安全生产治理的政策：按省份统计

省(区、市)	Law	Regulation	Document-Ⅰ	Document-Ⅱ	总量	省(区、市)	Law	Regulation	Document-Ⅰ	Document-Ⅱ	总量
贵州	2	0	60	74	136	宁夏	1	3	18	17	39
吉林	1	1	13	107	122	陕西	2	5	16	14	37
北京	4	7	3	65	79	山西	6	3	11	16	36
江苏	2	1	7	64	74	辽宁	1	5	12	17	35
山东	10	15	13	36	74	上海	2	1	5	23	31
安徽	1	5	11	51	68	湖北	3	5	9	13	30
福建	1	2	25	39	67	四川	2	3	6	19	30
黑龙江	1	2	9	43	55	内蒙古	2	1	9	17	29
湖南	3	1	13	37	54	河南	2	2	3	21	28
广东	2	5	9	37	53	青海	1	2	8	17	28
江西	2	6	19	22	49	河北	1	9	9	8	27
浙江	3	4	19	22	48	云南	2	1	8	16	27
重庆	3	5	13	27	48	新疆	3	1	7	16	27
海南	1	2	13	29	45	天津	2	2	2	17	23
甘肃	2	2	10	30	44	广西	1	1	7	12	21

注：地方行政法规、地方政府规章、省级人民政府颁布的规范性文件和省直部门颁布的规范性文件分别记为 Law、Regulation、Document－Ⅰ和 Document－Ⅱ。

图 5—6 显示 2001—2012 年间，省级地方政府出台的有关安全生产治理的政策数量呈现在波动中上升的总体趋势，特别是 2003 年之后，有关安全生产治理的政策数量持续上升，2006 年为政策总量的峰值 182 条，之后政策总量经历短暂下降后迅速回升，2012 年政策总量再次呈现上升趋势。从总体上看，以上有关安全生产治理政策信息的统计与我国安全生产治理的实践相契合，一定程度上反映了政策数据库数据的可信度。

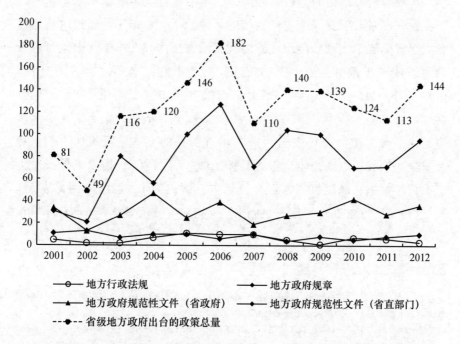

图 5—6　2001—2012 年省级地方政府出台的有关安全生产治理的政策：按政策类别统计

资料来源：作者根据"中国地方政府安全生产治理地方性法规、规章及文件数据库"（2001—2012）自制。

二　变量测量

（一）解释变量

根据第四章的研究路径，将 2004 年安全生产控制指标出台（Target）设置为虚拟变量，由于制度效果产生存在一定的滞后性，故以 2005 年为分界点，将安全生产控制指标出台之后所有年份（2005—2012）均取值为 1，出台当年及之前的其他年份（2001—2004）取值为 0。

（二）被解释变量

在安全生产治理效果三维测量体系上，本章选取工矿商贸企业生产事故死亡人数（Deaths）和亿元 GDP 工矿商贸企业事故死亡率（Rategdp）两个总量控制指标衡量安全生产治理效果。[①] 为保证正态分布，对死亡人数取自然对数（lnDeaths）。

（三）中介变量

从政府治理承诺的分析维度出发，本书通过承诺主题和承诺水平两个变量来测量政府在安全生产领域的治理承诺。承诺主题通过对政府注意力配置的测量实现，组织注意力配置通常采用在文本中代表某个因素的词语或句子的频数或频率来确定。[②] 基于此，本书采用各省（区、市）2001—2012 年各年度《政府工作报告》中"安全生产"[③]的词频数（Frequency）测量承诺主题。承诺水平（Degree）通过对当年《政府工作报告》中涉及"安全生产"治理工作的文本进行编码：若未提及安全生产或提到安全生产但无具体措施，编码为 0；提出确保安全生产的具体措施、制度机制、定量目标等，编码为 1。编码示例见表 5—6。这种编码方法在环境信息披露[④]、节能减排政策量化[⑤]、政府环境治

[①] 根据安全生产治理效果三维测量体系，笔者同时对被解释变量为重特大事故指标和煤矿事故指标的情形进行了检验，以增强研究结论的稳健性。

[②] O. Levy, The Influence of Top Management Team Attention Patterns on Global Strategic Posture of Firms, *Journal of Organizational Behavior*, Vol. 26, No. 7, 2005, pp. 797–819. R. E. Miles, C. C. Snow, A. D. Meyer and H. J. Coleman, Organization Strategy, Structure and Process, *Academy of Management Review*, Vol. 3, No. 3, 1978, pp. 546–562. 吴建祖、王欣然、曾宪聚：《国外注意力基础观研究现状探析与未来展望》，《外国经济与管理》2009 年第 6 期。

[③] 笔者曾试图运用 ROST 和 QSR 质性分析软件，通过关键词筛选、文本编码和编码分析等内容分析法的操作步骤确定政府在安全生产治理领域的注意力配置，但由于不同省份、不同年度《政府工作报告》格式和内容具有极强的同质性，除"安全生产"这一关键词所在的句子和段落外，基本再无针对安全生产治理工作的其他表述。为提高分析信度，笔者进一步确认 360 份文本中仅有 8 份文本提及安全生产治理工作但不含"安全生产"关键词，故增加"生产安全"、"安全治理"、"安全监管"、"隐患排查" 4 个关键词，并对其进行文本分析与频数统计。

[④] 林润辉、谢宗晓、李娅、王川川：《政治关联、政府补助与环境信息披露——资源依赖理论视角》，《公共管理学报》2015 年第 2 期。

[⑤] 张国兴、高秀林、汪应洛、郭菊娥、汪寿阳：《中国节能减排政策的测量、协同与演变——基于 1978—2013 年政策数据的研究》，《中国人口·资源与环境》2014 年第 12 期。

理努力①等研究中已有广泛应用。

表5—6　　　　　　　政府安全生产治理承诺信息编码示例

原始信息举例	文本来源	信息编码	编码赋值
—	湖南省 2005 年《政府工作报告》	未提及安全生产工作	编码为 0
"加强安全生产管理，预防和减少重大事故的发生。"	江苏省 2005 年《政府工作报告》	提及安全生产工作但无具体措施	编码为 0
"切实抓好安全生产。认真落实安全生产法，加大安全生产执法力度，进一步加强安全生产基础工作，努力提高安全生产水平。加强对重点行业、重点地区、重点企业特别是小企业的安全生产监督管理，推行注册安全主任制度，积极探索建立安全生产长效机制，切实防止重特大安全事故发生。"	广东省 2004 年《政府工作报告》	制定安全生产治理具体措施	编码为 1
"开展安全生产基层基础突破年活动，做到交通、煤矿、建筑、水利、危化、特种设备等重点领域隐患即排即治。加强城乡消防基础建设，进一步整治高层建筑消防隐患。安装公路防护栏 1000 公里。全年安全事故死亡人数下降2.5%。"	重庆市 2010 年《政府工作报告》	确立年度安全生产治理定量目标	编码为 1

为保证编码的客观性，借助迈尔斯（Miles. M. B.）和休伯曼（Huberman. M)② 信度检验公式③对编码信度进行检验。邀请另外一名行政管理专业的博士生进行独立编码，并检测编码的相似程度，计算两名编码员相互同意和相互不同意的编码数量；另外，在完成编码分析一周后，

① 马亮：《绩效排名、政府响应与环境治理：中国城市空气污染控制的实证研究》，《南京社会科学》2016 年第 8 期。
② ［美］迈尔斯、休伯曼：《质性资料的分析：方法与实践》，张芬芬译，重庆大学出版社2008 年版，第78—96 页。
③ 信度 = 相互同意的编码数量/（相互同意的编码数量 + 相互不同意的编码数量）。

笔者再次对《政府工作报告》文本重新编码以检验编码员的内部一致性，不同编码员之间与同一编码员内部的相互同意度均达到 90% 的标准，且编码员内部一致性高于编码员之间的信度。[①] 说明编码可以被接受。

值得注意的是，《政府工作报告》的撰写体例通常包括过去一年工作总结和目标完成情况、本年度各项工作的方针路线以及具体做法，对政府承诺的测量需严格限定于本年度工作的相关表述范围之内，以考察政府在即将到来年份相关领域的关注度和治理努力。

根据本章第二节的分析，本书拟通过政策效力和政策工具两个层面对政策外部属性和内在特征予以反映。就政策效力而言，设置法规、规章数量（Amount‒I）和规范性文件数量（Amount‒II）两个变量，从而对各省（区、市）各年度出台的不同层级政策文件数量予以反映。在环境保护领域已有的相关研究中，为捕捉政府出台的环保政策对环境污染的治理效果，研究者通过各地区环保标准颁发的个数来测量环保政策的效应，并对污染环境标准和大气环境标准进行加总计算。[②] 另一项旨在针对国际贸易与环境保护之间关系的研究则同样通过政府所颁布的环境规制政策法规的数量来对环保规制强度进行测量。[③]

就政策工具而言，对 1464 条有关安全生产治理的政策按照命令—控制型、市场激励型以及社会参与型三种政策工具进行逐条编码和分析，并对各省（区、市）各年度政策工具数量进行统计。由于命令—控制型政策是地方政府进行安全生产治理的主要工具手段，设置命令—控制型政策工具数量（Command）变量，以发掘命令—控制型政策与安全生产治理效果之间的关系。另外，为反映多种政策工具的组合效应，设置政策组合型工具虚拟变量（Combine），若某省（区、市）仅出台一种政策工具，Combine = 0，若出台两种及以上组合政策工具，Combine = 1。

---

① 不同编码员之间的编码一致性 = 336/（339 + 24）= 93.33%；同一编码员内部编码一致性 = 347/（347 + 13）= 96.38%。

② 包群、彭水军：《经济增长与环境污染：基于面板数据的联立方程估计》，《世界经济》2006 年第 11 期。

③ P. Low, International Trade and the Environment, *Economic Affairs*, Vol. 16, No. 5, 2010, pp. 4‒7.

（四）控制变量

官员个人特征的异质性决定了其职业晋升前景的差异，因而不同类型官员面临的晋升激励强度不尽相同。因此，本书控制了可能影响安全生产治理效果的官员个人特征；同时，省份经济社会特征也可能对被解释变量产生影响，需要在模型中对其予以控制。主要控制变量如下：

第一，省级官员个人特征。

本书重点关注各省（区、市）省长（还包括自治区主席、直辖市市长，以下简称省长）的年龄、任期、来源等个人特征对安全生产治理努力、进而治理效果的影响。之所以以省长为研究对象，是因为省长作为地方一把手，不仅拥有影响预算投入和资源配置的能力，而且也是行政首长问责制下首当其冲的第一责任人。

在领导干部退休制和任期制下，年龄（Age）和任期（Tenure）是影响官员政治生涯走向的重要变量。已有研究表明，官员晋升空间随年龄的增加而愈发有限，从而影响官员的晋升努力以及贯彻中央政策的力度；[1] 而任期往往成为政府财政支出、地方经济增长绩效[2]的关键解释变量。此外，不同来源的地方官员往往具有不同的升迁预期和相应的晋升策略，且不同来源的官员会对组织绩效造成影响，[3] 所以需要在模型中对其进行了控制。省级官员来源可分为本地升迁、中央调任和外地调任三种，以外地调任为参照组，设置本地升迁（Local）和中央调任（Central）虚拟变量。

第二，中央明确规定的特殊目标年份的影响。

已有研究关注两会、春运等极具中国特色的周期性事件对矿难的影响，结果表明地方两会显著降低了矿难起数和死亡人数，平均降幅分别

---

① 刘佳、吴建南、马亮：《地方政府官员晋升与土地财政——基于中国地市级面板数据的实证分析》，《公共管理学报》2012 年第 2 期。

② 马亮：《官员晋升激励与政府绩效目标设置——中国省级面板数据的实证研究》，《公共管理学报》2013 年第 2 期。

③ N. Petrovsky, O. James and G. A. Boyne, New Leaders' Managerial Background and the Performance of Public Organizations: The Theory of Publicness Fit, *Journal of Public Administration Research and Theory*, Vol. 25, No. 1, 2015, pp. 217 - 236.

达到 18% 和 30%[1]，初步印证了政治周期与安全生产治理效果之间的关联。除政治周期外，本书进一步考虑压力型体制下中央政策明确规定的安全生产工作目标年份的影响，《国务院关于进一步加强安全生产工作的决定》规定"到 2007 年，全国安全生产状况稳定好转，工矿企业事故死亡人数、煤矿百万吨死亡率、道路交通运输万车死亡率等指标均有一定幅度的下降。到 2010 年，全国安全生产状况明显好转，重特大事故得到有效遏制，各类生产安全事故和死亡人数有效大幅度地下降。"加之 2010 年是第一个安全生产五年规划的收官之年，故在模型中设置关键目标年份虚拟变量（TargetYear），2007 年和 2010 年取值为 1，其余年份取值为 0。

第三，省份经济社会特征。

已有研究表明，人均 GDP 在 1000—3000 美元时是事故高发期[2]，说明了经济发展与事故水平之间存在潜在的关联，因此需要对辖区人均 GDP（perGDP）予以控制，同时考虑辖区人口规模（Population）可能的影响。另外，还需要考虑地区产业结构特征可能对被解释变量造成的影响。由于煤矿事故在工矿商贸企业生产安全事故中所占比重最大，[3] 而较之于不产煤省份、产煤量低或露天开采省份，以地下开采为主的其他重点产煤省份往往更容易发生矿难，从而可能影响政府承诺和治理效果。因此设置以地下开采为主的重点产煤省份虚拟变量（Coal），借鉴 Nie 的样本选取方式，[4] 对天津、上海、海南等不产煤省份以及广西、江苏、浙江、湖北、宁夏、青海、山东、内蒙古和新疆等产煤量低或露天开采的省份进行了控制，从而尽可能降低估计偏误。

遵循已有研究惯例，以中部地区为参照组设置东部（East）和西部（West）虚拟变量以控制区域效应。以 2001 年为参照组设置十一个年份

---

① H. Nie, M. Jiang and X. Wang, The Impact of Political Cycle: Evidence from Coalmine Accidents in China, *Journal of Comparative Economics*, Vol. 41, No. 4, 2013, pp. 995–1011.

② 陈振明：《中国应急管理的兴起——理论与实践的进展》，《东南学术》2010 年第 1 期。

③ 自 2009 年起，《中国安全生产年鉴》除对工矿商贸企业事故死亡人数进行统计外，对占工矿商贸企业事故比重最大的煤矿事故死亡人数同时予以披露。

④ H. Nie, M. Jiang and X. Wang, The Impact of Political Cycle: Evidence from Coalmine Accidents in China, *Journal of Comparative Economics*, Vol. 41, No. 4, 2013, pp. 995–1011.

虚拟变量，以捕捉安全生产目标考核制度实施效果的时间效应。主要变量及数据来源详见表5—7。

表5—7 主要变量与数据来源

变量类型	变量名称		变量定义与测量	数据来源
被解释变量	工矿商贸企业事故死亡人数		工矿商贸企业生产安全事故死亡总人数，取自然对数	《中国安全生产年鉴》
	工矿商贸企业亿元 GDP 事故死亡率		工矿商贸企业年生产安全事故死亡总人数/工矿商贸企业亿元 GDP	
解释变量	目标考核制度出台		虚拟变量。2005 年之前取值为 0，2005 年及之后取值为 1	作者自行编码
中介变量	治理承诺	承诺主题	各省（区、市）各年度《政府工作报告》中"安全生产"的词频数	各省（区、市）2001—2012 年《政府工作报告》
		承诺水平	对各省（区、市）各年度《政府工作报告》中涉及当年"安全生产"工作的文本进行编码。若未提及安全生产工作或提到安全生产但无具体措施，编码为 0，列出确保安全生产的具体措施、制度机制、定量目标等，编码为 1	
	治理政策	法规、规章数量	各省（区、市）各年度颁布出台的地方行政法规、地方政府规章数量之和	根据"中国地方政府安全生产治理地方性法规、规章及文件数据库"（2001—2012）自行整理
		规范性文件数量	各省（区、市）各年度颁布出台的规范性文件数量	
		命令—控制型政策工具	各省（区、市）各年度颁布出台的命令—控制型政策工具数量	
		组合型政策工具	虚拟变量。若某省（区、市）某年度既出台命令—控制型政策，也出台非命令—控制型政策，取值为 1；若某省（区、市）某年度仅出台单一政策类型，取值为 0	根据"中国地方政府安全生产治理地方性法规、规章及文件数据库"（2001—2012）自行整理

续表

变量类型	变量名称		变量定义与测量	数据来源
控制变量	省级官员个人特征	年龄	某一年度在任官员的实际年龄	人民网党政领导干部资料库
		任期	官员任职年数，当年 6 月份及以前任职，自当年起计算任期；若在 7 月份及之后任职，自次年起计算任期	
		来源	外地调任为参照组，设置本地升迁和中央调任虚拟变量	
	特殊年份的影响	中央规定的目标年份	虚拟变量。2007 年和 2010 年取值为 1，其余年份取值为 0	作者自行编码
	省份经济社会特征	人均 GDP	辖区人均 GDP 水平	《中国统计年鉴》中经网统计数据库
		人口规模	辖区年末人口总量对数	
		以地下开采为主的重点产煤省份	虚拟变量。不产煤、产煤量低或露天开采煤炭的省份取值为 0，其余重点产煤省份取值为 1	参考已有研究自行编码
区域			虚拟变量。中部为参照组	
时间			虚拟变量。2001 年为参照组	

三 中介效应检验

对于中介效应的实证研究源于 20 世纪 20 年代，旨在发掘两个变量间已经确定关系的背后机理与内部机制，即在已知某些关系的基础上，探索关系产生的内部作用机制，基于此，中介变量能够对解释变量和被解释变量之间的关系做出解释。[①] 典型的中介效应模型如图 5—7 所示。其中，X、M、Y 分别表示解释变量、中介变量和被解释变量，图（a）表示 X 与 Y 之间的关系，作用路径 c 表示 X 对 Y 的作用；图（b）表示在 M 的中介作用下，X 与 Y 之间的关系，a 表示解释变量 X 对中介变量 M 的作用效应，b 表示在控制 X 后 M 对 Y 的作用效应，c' 表示在控制 M 的

---

① 陈晓萍、徐淑英、樊景立：《组织与管理研究的实证方法》，北京大学出版社 2008 年第二版，第 419 页。

情况下 X 对 Y 的作用效应。e1 表示 M 未被 X 解释的部分，e2 表示 Y 未被 X 和 M 解释的部分。中介效应即 a 与 b 的乘积项，表示 X 对 Y 的效应有多少是通过 M 实现的。[①]

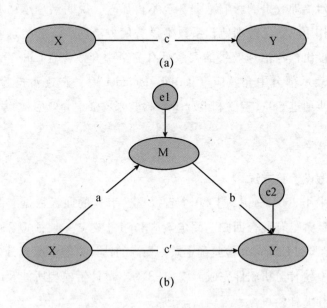

图5—7　典型的中介效应模型图

注：（a）表示 X 与 Y 之间的关系，（b）表示在 M 的中介作用下，X 与 Y 之间的关系。

资料来源：陈晓萍、徐淑英、樊景立：《组织与管理研究的实证方法》，北京大学出版社 2008 年第二版。

本书借鉴 Baron 和 Kenny 提出的逐步检验法（Causal Step Approach）[②]考察治理承诺和治理政策在目标考核制度与安全生产治理效果之间是否具有中介效应。具体而言，首先，检验目标考核制度出台对安全生产治理效果的影响是否显著；其次，检验目标考核制度对治理承诺和治理政

---

① ［美］道恩·亚科布齐：《中介作用分析》，李骏译，格致出版社 2012 年版，第 4—7 页。

② Baron, R. M and Kenny, D. A, The Moderator-mediator Variable Distinction in Social Psychological Research: Conceptual, Strategic, and Statistical Considerations, *Journal of Personality and Social Psychological*, Vol. 51, No. 6, 1981, pp. 1173 – 1182. L. R. James, and J. M. Brett, Mediators, Moderators, and Test for Mediation, *Journal of Applied Psychology*, Vol. 69, No. 2, 1984, pp. 307 – 321.

策的影响是否显著；最后，检验治理承诺和治理政策对安全生产治理效果的影响是否显著。若上述三项检验全部通过，则继续检验目标考核、治理承诺和治理政策对安全生产治理效果是否具有显著影响。此时，若目标考核对治理效果的影响减弱甚至不再显著，说明治理承诺和治理政策的中介作用成立。特别地，系数不显著代表治理承诺和治理政策对目标考核制度出台与治理效果的关系具有完全中介效应（Full Mediation），系数降低表示部分中介效应（Partial Mediation）①。在逐步检验法之外，本书进一步通过 Sobel 检验和 Bootstrap 检验来增强中介效应检验结果的稳健性。

四 假设检验方法

本书采用 2001—2012 年 30 个省（区、市）的面板数据。面板数据常用的估计策略有混合回归、固定效应和随机效应，本书试图通过 F 检验、LM 检验和 Hausman 检验确定效率最高的估计方法。所有分析均使用 STATA14.0 统计分析软件完成。表 5—8 对本章计量模型所涉及的检验进行了梳理和汇总。

在目标考核制度对地方政府治理行为影响的回归分析中，由于本书设计的被解释变量承诺主题、法规规章数量、规范性文件数量和命令—控制型政策工具数量为计数数据（Count Data），承诺水平和组合政策工具为二分哑变量（Binomial Dummy Variable），故传统的普通最小二乘法（OLS）回归分析不再适用。表 5—9 对本章所涉及的几种假设检验方法做了梳理。具体而言，若被解释变量为计数数据，即非负整数，通常运用泊松回归（Poisson Regression）模型进行估计，而其所依据的泊松分布需要满足期望和方差相等的条件，即"均等分散"（Equidispersion）；但实际数据被解释变量的方差通常明显大于期望，存在"过度分散"（Overdispersion），此时负二项回归（Negative Binomial Distribution）比泊

---

① 温忠麟、叶宝娟：《中介效应分析：方法和模型发展》，《心理科学进展》2014 年第 5 期。温忠麟、张雷、侯杰泰、刘红云：《中介效应检验程序及其应用》，《心理学报》2004 年第 5 期。温忠麟、侯杰泰、张雷：《调节效应与中介效应的比较和应用》，《心理学报》2005 年第 2 期。

松回归更有效率；而当计数数据中含有大量"0"值，需要使用"零膨胀泊松回归"（Zero-inflated Poisson Regression，ZIP）或"零膨胀负二项回归"（Zero-inflated Negative Binomial Regression，ZINB）。[①] 面板负二项回归包括混合负二项回归、随机效应和固定效应，需要运用 Haunsman 检验确定估计效率最高的方法。

表 5—8 本章计量模型中所涉及的检验汇总

具体检验	模型选择	原假设	结果解读
F 检验	固定效应 vs 混合回归	H_0：所有个体固定效应均为零	拒绝原假设，则存在个体固定效应，固定效应优于混合回归
LM 检验	随机效应 vs 混合回归	H_0：$\sigma_u^2 = 0$，即不存在反映个体特性的随机扰动项 u_i	拒绝原假设，则存在反映个体特征的随机扰动项，随机效应优于混合回归
Haunsman 检验	固定效应 vs 随机效应	H_0：u_i 与 x_{it}，z_i 不相关	拒绝原假设，则固定效应优于随机效应
LR 检验	二值选择模型与计数模型的随机效应 vs 混合回归	H_0：$\rho = 0$	拒绝原假设，则随机效应优于混合回归
过度分散参数 α95%置信区间	泊松回归 vs 负二项回归	H_0：$\alpha = 0$	拒绝原假设，则存在过度分散，则负二项回归优于泊松回归

若被解释变量为二分哑变量，通常采用 Logit 回归进行分析，Logit 回归估计的结果是被解释变量在解释变量取特定值时发生与否的概率是多少，若其估计结果以几率比（Chances Ratio）呈现，则表示被解释变量发生的概率是不发生概率的若干倍。面板二值数据选择模型的主要估计方法同样包括混合回归、随机效应与固定效应，而选择最高效率检验方法的 LM 检验和 Haunsman 检验依然适用。

---

① 陈强：《高级计量经济学及 Stata 应用》，高等教育出版社 2014 年第二版，第 213—215 页。

表5—9　　　　　　　　　　本章所涉及的几种假设检验方法

待检验关系	被解释变量类型	估计方法	Stata 主命令
目标考核制度—治理承诺之承诺主题 目标考核制度—治理政策之法规规章数量 目标考核制度—治理政策之规范性文件数量 目标考核制度—治理政策之命令— 控制型政策工具数量	计数数据	负二项回归	xtnbreg
目标考核制度—治理承诺之承诺水平 目标考核制度—治理政策之组合政策 工具虚拟变量	二分哑变量	Logit 回归	xtlogit
目标考核制度—安全生产治理效果 治理承诺—安全生产治理效果 治理政策—安全生产治理效果	连续变量	固定效应和 随机效应	xtreg

第五节　研究结果

一　描述性统计

表5—10对研究所涉及主要变量的基本特征进行了统计。此处重点关注地方政府安全生产治理行为相关变量的统计特征。治理承诺方面，对各省（区、市）各年度《政府工作报告》中"安全生产"的词频统计表明，"安全生产"平均词频为3.686次，最高为35次；治理承诺水平0.803的均值显示，大多数样本点会在《政府工作报告》中列出安全生产治理的具体举措或明确定量目标。治理政策方面，表5—10显示，各省（区、市）各年度所出台的地方行政法规和政府规章数量最多为5条，规范性文件最多为24条，命令—控制型政策工具均值为3.658，而政策工具组合虚拟变量0.275的均值显示绝大多数样本点会选择单一政策工具类型。

图5—8和图5—9对各省（区、市）《政府工作报告》中对"安全生产"的政府承诺进行了统计。图5—8显示，总体而言各省（区、市）政府在目标考核制度出台后的2005—2008年及2009—2012年两个区间内对"安全生产"的注意力配置更高；图5—9显示，自2005年起，更多的省

（区、市）在《政府工作报告》中会通过明确具体措施和年度目标等方式，公开承诺安全生产治理努力。

表5—10 主要变量描述性统计

变量名称	变量缩写	均值	标准差	最小值	最大值
工矿商贸企业事故死亡人数	Deaths	410.738	248.307	14	1192
	lnDeaths	5.792	0.745	2.639	7.083
亿元 GDP 工矿商贸企业事故死亡率	Rategdp	0.107	0.140	0.004	1.175
目标考核制度出台	Target	0.667	0.472	0	1
承诺主题	Freq	3.686	3.922	0	35
承诺水平	Degree	0.803	0.398	0	1
地方法规规章	AmountI	0.475	0.790	0	5
地方规范性文件	AmountII	3.592	4.095	0	24
命令—控制型政策工具	Command	3.658	3.808	0	21
组合型政策工具	Combine	0.275	0.447	0	1
官员年龄	Age	58.069	4.225	44	68
官员任期	Tenure	3.222	1.912	1	10
中央调任官员	Central	0.039	0.194	0	1
本地晋升官员	Local	0.919	0.273	0	1
人口规模	lnPop	8.130	0.760	6.260	9.268
人均 GDP	lnGDP	9.495	0.661	7.959	11.542
以地下开采为主的重点产煤省份	Coal	0.400	0.491	0	1
关键目标年份	TargetYear	0.167	0.373	0	1

图5—10 对地方政府出台的有关安全生产治理的政策数量进行了统计，其中（a）表示地方法规和政府规章，（b）表示地方规范性文件。图（a）显示，各省（区、市）政府出台的安全生产治理地方行政法规和政府规章数量在目标考核制度实施前后差别不大；图（b）显示相较于目标考核制度实施之前，各省（区、市）政府在目标考核制度出台后的2005—2008 年及2009—2012 年两个区间内会颁发更多安全生产治理地方

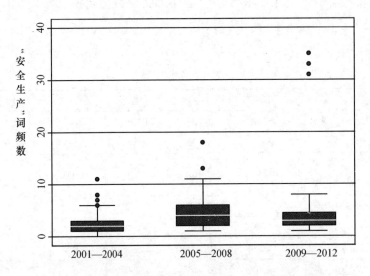

图 5—8　《政府工作报告》中"安全生产"词频箱图

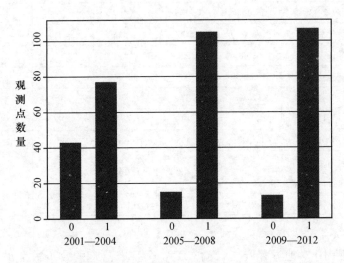

图 5—9　《政府工作报告》中"安全生产"承诺水平柱形图

　　注：根据本章第四节中承诺水平的测量方法，横轴"0"代表《政府工作报告》中未提及安全生产工作或提到安全生产但无具体措施，"1"代表列出确保安全生产的具体措施、制度机制、定量目标等。

规范性文件。

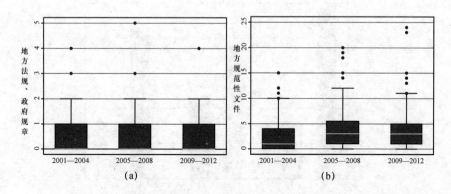

图5—10　地方政府出台的安全生产治理法规规章和规范性文件数量箱图

注：（a）和（b）分别表示地方法规规章和地方规范性文件的梳理。

图5—11对地方政府出台的有关安全生产治理的命令—控制型政策工具数量进行了统计。由图可知，总体而言各省（区、市）政府在目标考核制度出台后的2005—2008年及2009—2012年两个区间内会更多运用命令—控制型政策工具，通过强制性的行政手段进行安全生产治理。图5—12显示，从三个时间区间来看，组合型政策工具的可能性呈现先上升后下降的趋势，地方政府是否出台组合型政策工具在目标考核实施制度前后并未呈现出特定的规律，相关研究结论仍有待进一步的发掘。

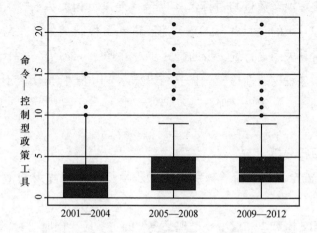

图5—11　地方政府出台的安全生产治理命令—控制型政策工具数量箱图

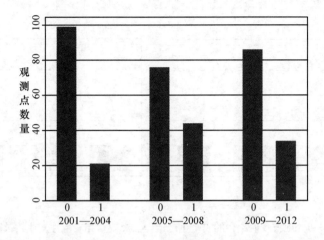

图5—12 地方政府出台的安全生产治理组合型政策工具柱形图

注：根据本章第四节中安全生产治理组合型政策工具的测量方法，横轴"0"代表单一型政策工具，"1"代表组合型政策工具。

二 相关性分析

表5—11对主要变量之间的相关性进行了汇报。由表可知，目标考核制度的出台与政府对安全生产的承诺主题和承诺水平正相关，且在0.05的水平上显著，对假设H2—1形成了初步支持；治理政策方面，规范性文件数量、命令—控制型政策工具与目标考核出台正相关，初步支持了假设，而法规规章数量与目标考核出台呈现出负相关关系，治理政策各变量与治理效果的关系并不一致，需要进一步控制其他潜在的解释变量的基础上对其关系进行进一步的研究。为了避免可能的多重共线性风险，对其进行了多重共线性检验，检验结果显示 VIF 值小于 10，不存在多重共线性问题。

三 回归分析

（一）安全生产目标考核制度对治理承诺、治理政策和治理效果的影响

表5—12模型7和模型8呈现了模型的主效应，同时对目标考核制度对治理承诺及治理政策的影响进行了汇报。如前文所述，为了在混合回

表 5—11　　　　　　　　　　　　主要变量相关性分析

	lnDeaths	Rategdp	Target	Freq	Degree	AmountI	AmountII	Command	Combine	Age	Tenure	Central	Local
lnDeaths	1												
Rategdp	0.24	1											
Target	0.00	-0.38	1										
Freq	0.16	0.02	0.23	1									
Degree	0.16	-0.02	0.29	0.30	1								
AmountI	0.10	-0.05	-0.01	0.04	0.01	1							
AmountII	0.06	0.01	0.18	0.02	0.10	-0.10	1						
Command	0.07	0.01	0.15	0.03	0.11	0.10	0.95	1					
Combine	0.09	-0.07	0.16	-0.04	0.04	-0.01	0.40	0.27	1				
Age	0.22	0.08	0.02	0.05	0.02	0.02	0.01	0.01	0.07	1			
Tenure	-0.01	0.01	0.09	-0.03	-0.05	-0.01	-0.10	-0.11	-0.01	0.49	1		
Central	0.02	-0.02	0.02	0.39	0.03	-0.03	-0.05	-0.04	-0.06	-0.03	-0.08	1	
Local	0.02	0.11	-0.08	-0.26	-0.10	-0.02	-0.08	-0.09	0.02	0.01	0.11	-0.68	1

注：相关系数的绝对值大于 0.1 表示在 0.05 的水平上统计显著。

表5—12　　目标考核与治理承诺和治理政策、治理效果

	(1) Freq	(2) Degree	(3) AmountI	(4) AmountII	(5) Command	(6) Combine	(7) lnDeaths	(8) Rategdp
Target	1.114***	3.020***	-0.468	1.166***	1.460**	8.533**	-0.521***	-0.435***
	(0.311)	(1.058)	(0.558)	(0.366)	(0.587)	(4.029)	(0.196)	(0.112)
Age	0.004	0.023	-0.021	-0.002	-0.022	0.032	-0.003	0.001
	(0.012)	(0.051)	(0.026)	(0.018)	(0.017)	(0.056)	(0.005)	(0.002)
Tenure	-0.028	-0.167	-0.014	-0.008	0.001	-0.076	-0.014	0.002
	(0.024)	(0.112)	(0.061)	(0.035)	(0.033)	(0.104)	(0.010)	(0.003)
Central	0.620***	-16.775	-0.513	-0.730**	-0.751**	-0.863	-0.034	-0.014
	(0.224)	(2944.524)	(0.641)	(0.335)	(0.298)	(1.069)	(0.101)	(0.032)
Local	-0.240	-17.040	-0.160	-0.574**	-0.700***	0.077	0.066	-0.020
	(0.198)	(2944.524)	(0.447)	(0.241)	(0.248)	(0.762)	(0.082)	(0.026)
lnPop	0.164	0.384	0.298*	0.012	0.240	0.811	0.619***	0.157***
	(0.105)	(0.306)	(0.167)	(0.117)	(0.236)	(2.343)	(0.078)	(0.043)
lnGDP	-0.224	0.030	0.174	-0.317	-0.961	-7.083	0.102	0.245**
	(0.228)	(0.668)	(0.367)	(0.263)	(0.519)	(3.779)	(0.177)	(0.113)
Coal	0.082	-0.277	-0.009	0.002	0.666*	0.000	-0.181	0.000
	(0.170)	(0.501)	(0.257)	(0.192)	(0.401)	(.)	(0.143)	(.)
TargetYear	0.107	-0.591	-0.057	-0.224	-0.278	-1.383*	0.301***	0.033

续表

	(1) Freq	(2) Degree	(3) AmountI	(4) AmountII	(5) Command	(6) Combine	(7) lnDeaths	(8) Rategdp
	(0.153)	(0.848)	(0.431)	(0.211)	(0.201)	(0.830)	(0.070)	(0.022)
区域	Control	Control	Control	Control	Control	Control	Control	Control
时间	Control	Control	Control	Control	Control	Control	Control	Control
常数项	2.293	12.626	-0.698	3.612	9.457 *		0.050	-3.286 ***
	(2.391)	(2944.532)	(4.056)	(2.680)	(5.440)		(1.779)	(1.097)
N	360	360	360	360	360	360	360	360
R²							0.7115	0.4831
F 检验							29.87 ***	12.12 ***
过度分散参数 α95% 置信区间	[0.10, 0.27]		[0.14, 0.78]	[0.58, 1.03]	[0.41, 0.71]			
LR 检验	83.65 ***	3.90 ***	5.98 ***	36.60 ***	41.56 ***	0.37 ***		
LM 检验							590.4 ***	316.2 ***
Hausman 检验	31.35 ***	22.40	10.41	-17.55	57.64 ***	20.58 ***	28.49	29.39 **

注：括号外为回归系数，括号内为标准误差；*、**和***分别表示在0.1、0.05和0.01的水平上统计显著。

归、固定效应和随机效应中确定估计效率最高的模型，依次进行了 F 检验、LM 检验和 Hausman 检验，表 5—12 中呈现了各项检验结果并对估计效率最高的模型结果进行汇报。

模型 7 和模型 8 报告了在控制省长个人特征和省份经济社会特征后，安全生产目标考核出台对事故死亡人数和死亡率的影响。结果显示，目标考核出台对生产事故死亡人数具有显著负向影响（$\beta = -0.521$, $p < 0.01$），目标考核出台对生产事故死亡率具有显著负向影响（$\beta = -0.435$, $p < 0.01$），本书假设 1 得到了支持。

模型 1 和模型 2 分别报告了目标考核对治理承诺主题和承诺水平的影响。结果显示，实施目标考核后，地方政府对安全生产的注意力配置显著提升（$\beta = 1.114$, $p < 0.01$），初步证实了假设 H2；模型 2 显示，相较于政府安全生产治理低承诺情形，地方政府在目标考核出台后更可能做出安全生产高治理承诺。回归分析结果表明，迫于绩效考评的压力，地方政府会通过"做出承诺的内容"和"履行承诺的策略"两方面积极回应中央政府的目标考核，并向社会公众主动公开治理内容和措施。有趣的是，回归分析结果显示相较于本地升迁和异地调任的省级官员，中央调任的官员能够更为积极地对中央政策做出承诺（$\beta = 0.620$, $p < 0.01$），更倾向于保持与中央政策导向的高度一致。

模型 3 至模型 6 报告了目标考核出台对治理政策的影响。分析结果显示，目标考核实施后，地方政府会出台更多有关于安全生产治理的规范性文件（$\beta = 1.166$, $p < 0.01$），而地方法规规章方面则未发现与目标考核出台与否的显著关系，这说明从地方治理政策层级来看，地方政府会出台更多具有可操作性和实践指导性的政策来应对目标考核任务的要求；与假设相符的是，目标考核出台后，地方政府会在安全生产治理中更多地运用命令—控制型政策工具（$\beta = 1.460$, $p < 0.05$），以强制性的行政手段达到上级下达的安全生产控制指标任务，除命令—控制型政策工具外，也更可能出台命令与非命令相结合的组合型政策工具（$\beta = 8.533$, $p < 0.05$）。分析结果显示，面对极度精确、层层加码的安全生产控制指标考核，地方政府更倾向于依靠科层制下的行政手段和管制工具来化解考核压力，同时，由于命令—控制型政策工具执行性强但灵活性较弱，且强制措施不利于激发企业内在的安全生产动力，因此，地方政府并不

会拘泥于单一的命令控制政策，而是会将命令、激励等多种政策工具的组合使用。

（二）地方政府治理承诺的中介效应

表5—13报告了地方政府治理承诺在目标考核制度与安全生产治理效果之间的中介效应。以治理承诺为解释变量，治理效果为被解释变量，回归分析结果见表5—13中模型9、模型11、模型13和模型15；模型10、模型12、模型14和模型16则呈现了同时将治理承诺和目标考核加入模型的结果。

承诺主题方面，模型9和模型11显示注意力配置与死亡人数呈显著负相关关系（$\beta = -0.009$，$p < 0.05$），而其与死亡率虽然仍保持负向关系但并不显著；加入目标考核之后，模型10中目标考核虽然仍对死亡人数有显著负向影响，但较之模型7的结果（$\beta = -0.521$，$p < 0.01$），显著性程度和影响系数均有所降低（$\beta = -0.483$，$p < 0.05$）。模型12显示随着承诺主题这一中介变量的加入，目标考核对死亡率影响的显著性程度和系数同样有所下降（$\beta = -0.158$，$p < 0.05$；模型8中（$\beta = -0.435$，$p < 0.01$）。按照Baron和Kenny提出的中介效应判断标准[1]，政府注意力配置在目标考核和治理效果之间起到部分中介的作用，说明在目标考核影响安全生产治理效果的过程中，政府对于安全生产领域工作的注意力配置水平确实引导了政府资源与能力的投入，能够在一定程度上反映政府的治理努力水平。

承诺水平方面，模型13和模型15显示治理承诺水平与治理效果之间呈不显著的正向关系，这与假设预期不符，这一方面说明政府承诺确实能够在一定程度上强化目标考核的实施效果，特别是地方政府对安全生产领域工作关注程度的努力与承诺；然而，承诺水平与治理效果并未呈现显著关系，这表明目标考核下，当地方政府承诺水平过高时，存在部分履行治理承诺的行为，这反映了地方政府执行中央政策时的差距。基于此，地方政府治理承诺水平在目标考核与安全生产治理效果之间的中

---

[1]　Baron, R. M and Kenny, D. A, The Moderator-mediator Variable Distinction in Social Psychological Research: Conceptual, Strategic, and Statistical Considerations, *Journal of Personality and Social Psychological*, Vol. 51, No. 6, 1981, pp. 1173 – 1182.

表5—13　目标考核与治理效果：治理承诺的中介效应

	(9) lnDeaths	(10) lnDeaths	(11) Rategdp	(12) Rategdp	(13) lnDeaths	(14) lnDeaths	(15) Rategdp	(16) Rategdp
Target		-0.483**		-0.158***		-0.537***		-0.163***
		(0.200)		(0.054)		(0.194)		(0.053)
Freq	-0.009**	-0.008*	-0.000	-0.000				
	(0.004)	(0.005)	(0.001)	(0.001)				
Degree					0.001	0.004	0.016	0.017
					(0.038)	(0.039)	(0.012)	(0.012)
Age	-0.005	-0.003	0.001	0.001	-0.006	-0.003	0.001	0.001
	(0.005)	(0.005)	(0.002)	(0.002)	(0.005)	(0.005)	(0.002)	(0.002)
Tenure	-0.011	-0.015	0.002	0.002	-0.010	-0.014	0.002	0.003
	(0.010)	(0.010)	(0.003)	(0.003)	(0.010)	(0.010)	(0.003)	(0.003)
Central	0.017	0.011	-0.012	-0.005	-0.033	-0.032	-0.013	-0.004
	(0.100)	(0.103)	(0.033)	(0.033)	(0.098)	(0.101)	(0.032)	(0.032)
Local	0.087	0.056	-0.021	-0.005	0.100	0.066	-0.019	-0.004
	(0.080)	(0.081)	(0.026)	(0.026)	(0.080)	(0.082)	(0.026)	(0.026)
lnPop	0.170	0.610***	0.157***	0.029	0.176	0.627***	0.159***	0.028
	(0.131)	(0.079)	(0.043)	(0.021)	(0.132)	(0.076)	(0.043)	(0.021)
lnGDP	-0.743**	0.084	0.246**	-0.031	-0.780**	0.115	0.232**	-0.035
	(0.131)	(0.079)	(0.043)	(0.021)	(0.132)	(0.076)	(0.043)	(0.021)

续表

	(9)	(10)	(11)	(12)	(13)	(14)	(15)	(16)
	lnDeaths	lnDeaths	Rategdp	Rategdp	lnDeaths	lnDeaths	Rategdp	Rategdp
	(0.349)	(0.181)	(0.114)	(0.048)	(0.353)	(0.174)	(0.114)	(0.047)
Coal	0.000 (.)	-0.184 (0.147)	0.000 (.)	-0.016 (0.037)	0.000 (.)	-0.179 (0.140)	0.000 (.)	-0.015** (0.037)
TargetYear	0.618*** (0.224)	0.304*** (0.070)	-0.284*** (0.073)	0.015 (0.022)	0.610*** (0.225)	0.303*** (0.070)	-0.286*** (0.073)	0.016 (0.022)
常数项	11.365*** (3.375)	0.304 (1.810)	-3.296*** (1.099)	0.166 (0.484)	11.633*** (3.404)	-0.145 (1.749)	-3.192** (1.098)	0.209 (0.476)
N	360	360	360	360	360	360	360	360
R^2	0.5214	0.7030	0.4833	0.4278	0.5144	0.7144	0.4356	0.4356
F检验	30.33***	30.33***	12.04***	12.04***	29.45***	29.45***	11.96***	11.96***
LM检验	572.7***	572.7***	309.5***	309.5***	576.6***	576.6***	308.7***	308.7***
Hausman检验	277.8***	48.45	33.29	23.89	158.7***	28.77	38.90***	29.21

注：括号外为回归系数，括号内为标准误差；*、**和***分别表示在0.1、0.05和0.01的水平上统计显著。

介效应并不成立。

（三）地方政府治理政策的中介效应

表5—14报告了地方政府治理政策在目标考核制度与安全生产治理效果之间的中介效应。需要注意的是，此处选取亿元GDP生产安全事故死亡率作为治理效果的代理变量。

模型17、模型19、模型21和模型23分别呈现了治理政策数量和政策工具各变量对死亡率的影响。其中，模型17和模型18显示，地方政府出台的地方行政法规和政府规章数量未发现与死亡率之间的显著负向关系，故其中介效应并不成立；相反，模型19显示地方政府规范性文件数量与死亡率之间呈现显著负相关（$\beta = -0.004$，$p < 0.01$），说明地方政府出台的有关于安全生产治理的规范性文件越多，安全生产治理效果越好，初步证实了地方政府实际治理行为对治理效果的影响，模型20结果显示，当同时考察目标考核和规范性文件数量对治理效果的影响时，目标考核对死亡率的负向关系依然存在，但较之于模型8（$\beta = -0.435$，$p < 0.01$），其显著性水平和影响系数均有下降（$\beta = -0.178$，$p < 0.05$），这说明地方规范性文件数量在目标考核与治理效果之间起到部分中介的作用，表明地方政府出台的关于安全生产治理的规范性文件数量能够对目标考核与安全生产治理效果之间的正向关系进行一定程度的解释。

上述结果背后的原因在于，地方法规和规章虽然法律效力和权威性更强，但通过对政策数据库的梳理，发现这类政策往往是在中央政府颁发类似制度之后在省级层面相继发布，具有很强的同质性和象征性。比如2001年《国务院关于特大安全事故行政责任追究的规定》（中华人民共和国国务院令第302号）出台后，各省（区、市）陆续颁布相应的政策，如《福建省人民政府关于重大安全事故行政责任追究的规定》《北京市关于重大安全事故行政责任追究的规定》《安徽省生产安全事故调查处理及行政责任追究暂行规定》等，据统计，有21个省（区、市）在2001—2004年间出台类似的政策，而极具同质性的政策内容更多地传达一种政治意义和符号色彩，对辖区安全生产治理的作用效果则不及效力更低的地方规范性文件。较之于地方法规和规章，地方规范性文件的出台基于辖区经济社会发展特征和本地安全生产治理实际需求，目标考核下，地方规范性文件能在响应中央政策精神的同时兼顾地区利益，因

表5—14　目标考核与治理效果：治理政策的中介效应

	(17) Rategdp	(18) Rategdp	(19) Rategdp	(20) Rategdp	(21) Rategdp	(22) Rategdp	(23) Rategdp	(24) Rategdp
Target	0.003 (0.006)	-0.158*** (0.054)		-0.178** (0.059)		-0.189** (0.059)		-0.214*** (0.060)
AmountI		0.002 (0.006)						
AmountII			-0.004*** (0.001)	-0.005*** (0.001)				
Command					-0.004*** (0.001)	-0.005*** (0.001)		
Combine							-0.014 (0.010)	-0.013 (0.010)
Age	0.001 (0.002)	0.001 (0.002)	0.001 (0.002)	0.000 (0.002)	0.001 (0.002)	0.000 (0.002)	0.001 (0.002)	0.001 (0.002)
Tenure	0.002 (0.003)	0.002 (0.003)	0.002 (0.003)	0.002 (0.003)	0.002 (0.003)	0.002 (0.003)	0.002 (0.003)	0.002 (0.003)
Central	-0.013 (0.032)	-0.005 (0.032)	-0.022 (0.032)	-0.035 (0.031)	-0.022 (0.032)	-0.035 (0.032)	-0.006 (0.032)	-0.015 (0.032)
Local	-0.020 (0.026)	-0.004 (0.026)	-0.017 (0.026)	-0.035 (0.026)	-0.017 (0.026)	-0.036 (0.026)	-0.004 (0.026)	-0.020 (0.026)

续表

	(17)	(18)	(19)	(20)	(21)	(22)	(23)	(24)
	Rategdp	Rategdp	Rategdp	Rategdp	Rategdp	Rategdp	Rategdp	Rategdp
lnPop	0.157***	0.029	0.015	0.147***	0.015	0.147***	0.023	0.157***
	(0.043)	(0.021)	(0.018)	(0.042)	(0.018)	(0.042)	(0.020)	(0.043)
lnGDP	0.244*	-0.031	-0.060	0.178	-0.059	0.192	-0.043	0.228*
	(0.114)	(0.048)	(0.041)	(0.112)	(0.041)	(0.112)	(0.044)	(0.114)
Coal	0.000	-0.016	-0.022	0.000	-0.022	0.000	-0.017	0.000
	(.)	(0.037)	(0.031)	(.)	(0.031)	(.)	(0.034)	(.)
TargetYear	-0.284***	0.015	-0.110**	-0.061**	-0.114**	-0.060*	-0.130**	-0.059*
	(0.073)	(0.022)	(0.042)	(0.025)	(0.042)	(0.025)	(0.044)	(0.025)
区域	Control	Control	Control	Control	Control	Control	Control	Control
时间	Control	Control	Control	Control	Control	Control	Control	Control
常数项	-3.290***	0.163	0.571	-2.550**	0.560	-2.660**	0.317	-3.136***
	(1.098)	(0.484)	(0.418)	(1.089)	(0.418)	(1.092)	(0.448)	(1.101)
N	360	360	360	360	360	360	360	360
R²	0.4836	0.4276	0.5074	0.5074	0.4262	0.5030	0.4400	0.4860
F检验	12.10***	12.10***	13.04***	13.04***	12.81***	12.81***	12.21***	12.21***
LM检验	314.99***	314.99***	258.41***	258.41***	259.20***	259.20***	310.78***	310.78***
Hausman检验	41.93***	24.26	404.87	77.48***	227.49	65.78***	16.66	30.83***

注：括号外为回归系数，括号内为标准误；*、**和***分别表示在0.1、0.05和0.01的水平上统计显著。

而更具操作性和指导性，故地方规范性文件数量能够部分解释目标考核与安全生产治理效果之间的关系。

政策工具方面，模型21显示，地方政府出台的有关安全生产治理的命令—控制型政策工具越多，安全生产治理效果越好（$\beta = -0.004, p < 0.01$），这说明了强制性的政策工具是规范企业生产经营活动、遏制生产安全事故的有效措施；模型22同时考察了目标考核与命令—控制型政策工具对事故死亡率的影响，发现此时目标考核对死亡率负向影响的显著性水平和影响系数有所下降（$\beta = -0.189, p < 0.05$），说明命令—控制型政策工具在目标考核与治理效果之间起到部分中介的作用。而尽管实施组合型政策工具与事故死亡率之间存在负向关系，但由于二者关系并不显著，故组合型政策工具的中介效应未通过检验。

上述分析结果表明，依靠行政职权和权威命令的命令—控制型政策工具依旧是安全生产治理的主要手段，以政府为绝对主导的行政命令依旧是达到安全生产目标考核任务的关键路径，而如何将命令、激励等多种政策手段相结合，如何真正实现多元主体在安全生产治理中的合作共治，尚需进一步的实践推进和研究启迪。究其根源，安全生产治理牵涉主体众多，利益复杂多元，从表面来看，这种多元利益格局不仅包括企业生产经营所得的经济利益，而且包括政企合谋、腐败等为政府及其官员带来的政治收益和经济利益，甚至官员不顾安全发展、以"带血的GDP"换来的政绩；从根本来看，安全生产治理还牵涉到某一地区经济发展与社会稳定人民安康之间的权衡。"理性人"假设下，若单纯依靠市场化的工具，对于利益盘根错节的安全生产治理而言，只会加剧其中的道德风险、信息不对称等问题，引发更多的败德行为，故依托于行政强制力和震慑力的命令—控制型工具成为规制安全生产治理行为的主要手段。

表5—15对地方政府治理承诺和治理政策在目标考核制度与安全生产治理效果之间中介效应的检验结果进行了梳理。由表可知，地方政府治理承诺水平（Degree）、地方政府出台的法规规章数量（Amount I）以及是否出台组合型政策工具（Combine）未通过中介效应检验，而政府对于安全生产的注意力配置（Freq）、地方政府出台的规范性文件数量（Amount II）和命令—控制型政策工具数量（Command）的中介效应是成

立的。

表5—15　　　地方政府治理承诺和治理政策中介效应检验结果梳理

变量类别	变量	中介变量						被解释变量		中介效应
		Freq	Degree	AmountI	AmountII	Command	Combine	lnDeaths	Rategdp	
解释变量	Target	√	√	×	√	√	√	√	√	—
中介变量	Freq	—	—	—	—	—	—	√	√	√
	Degree	—	—	—	—	—	—	×	×	×
	AmountI	—	—	—	—	—	—	—	×	×
	AmountII	—	—	—	—	—	—	√	√	√
	Command	—	—	—	—	—	—	√	√	√
	Combine	—	—	—	—	—	—	√	×	×

注：√、×分别表示通过和未通过检验，—表示未做检验。

四　内生性检验：工具变量法

尽管本书在回归分析中控制了官员个人特征、省份经济社会特征和区域以及时间效应，但回归模型扰动项中某些不可观测的变量仍然会使得各中介变量与扰动项的协方差不为0，如上一年度安全生产治理效果可能影响当期政府的治理行为，影响政府治理承诺、甚至所出台政策的数量以及政策工具类型的选择，故而存在内生性问题的可能性，导致估计结果的偏差，而工具变量（Instrumental Variable）可以实现对内生性问题的有效控制。本书将运用工具变量法对前文通过中介效应检验的承诺主题（Freq）、规范性文件数量（Amount II）和命令—控制型政策工具（Command）三个变量进行进一步的检验。

工具变量的选取需要满足相关性和外生性两个条件①②，即既要与地方政府治理行为相关，又要外生于治理效果。因为当期的事故死亡率不

----

① 陈强：《高级计量经济学及 Stata 应用》，高等教育出版社 2014 年第二版，第 135—140 页。

② ［美］杰弗里·M. 伍德里奇：《计量经济学导论：现代观点》，费建平译，中国人民大学出版社 2016 年第 5 版，第 416—417 页。

可能影响地方政府过去的治理行为，故选取政府治理行为的滞后值作为当期治理行为的工具变量，即分别选取承诺主题、规范性文件和命令—控制型政策工具的滞后项作为工具变量，估计结果在表5—16中汇报。

表5—16中，模型25、模型27、模型29是工具变量模型，模型26、模型28和模型30同时将工具变量和内生变量作为解释变量，从而对工具变量选取的合理性进行检验。二阶最小二乘法（2SLS）的估计结果显示，引入政府注意力配置滞后值这一工具变量后，治理承诺对死亡人数的负向影响仍然显著成立（$\beta = -0.016$，$p < 0.05$）；而在加入内生变量后，工具变量不再显著。模型27、模型28、模型29和模型30的结果同样表明，工具变量对治理效果负向影响成立，这种负向影响随着内生变量的加入而不再显著。这一方面表明了工具变量选取的有效性，同时也对模型可能的内生性问题风险进行了控制。

五 稳健性检验

Sobel 检验[①]是在 Baron&Kenny 逐步检验法（Causal Step Approach）基础上，通过 z 检验判断解释变量对被解释变量的直接作用（c）与加入中介变量后解释变量对被解释变量作用（c'）的大小，在检验流程上等价于对中介作用路径 a 与 b 的乘积的检验[②]。

表5—17报告了各中介效应模型 Sobel 检验结果，由表可知，当被解释变量为事故死亡人数时，地方政府治理承诺中的安全生产注意力配置通过了中介效应检验，当被解释变量为事故死亡率时，注意力配置和地方政府颁布的安全生产治理规范性文件在目标考核与治理效果之间起到了中介作用，而不同于逐步检验法的分析结果，命令—控制型政策工具的中介效应始终未通过检验。两种方法下不同的检验结果可能的原因在于，Sobel 检验并非针对于面板数据，且不能明确指明其他协变量的影响；此外，由于 Sobel 检验需要假设系数 a 与 b 的乘积服从正态分布，但这往

---

① M. E. Sobel, Asymptotic Confidence Intervals for Indirect Effects in Structural Equation Models, *Sociological Methodology*, Vol. 13, No. 13, 1982, pp. 290 – 312.

② 温忠麟、叶宝娟：《中介效应分析：方法和模型发展》，《心理科学进展》2014 年第 5 期。

表5—16　　　　内生性检验：工具变量

	(25) lnDeaths	(26) lnDeaths	(27) Rategdp	(28) Rategdp	(29) Rategdp	(30) Rategdp
Freq	-0.016**	-0.007				
	(0.009)	(0.005)				
lFreq		-0.002*				
		(0.005)				
AmountII			-0.131	-0.005		
			(0.211)	(0.001)		
lAmountII				-0.004***		
				(0.001)		
Command					-0.171*	-0.005
					(0.343)	(0.001)
lCommand						-0.005***
						(0.001)
Age	-0.006	-0.004	-0.015	-0.001	-0.022	-0.001
	(0.005)	(0.005)	(0.026)	(0.002)	(0.046)	(0.002)
Tenure	-0.016*	-0.018*	-0.009	0.003	-0.007	0.003
	(0.010)	(0.010)	(0.027)	(0.003)	(0.031)	(0.003)
Central	0.053	0.016	-0.495	-0.037	-0.695	-0.036

续表

	(25) lnDeaths	(26) lnDeaths	(27) Rategdp	(28) Rategdp	(29) Rategdp	(30) Rategdp
	(0.112)	(0.104)	(0.815)	(0.031)	(1.403)	(0.031)
Local	0.050	0.030	-0.421	-0.050**	-0.593	-0.048*
	(0.078)	(0.078)	(0.660)	(0.025)	(1.158)	(0.025)
lnPop	0.183	0.628***	0.025	0.151***	-0.038	0.147***
	(0.144)	(0.080)	(0.370)	(0.045)	(0.549)	(0.046)
lnGDP	-0.489	0.127	-1.807	0.096	-2.106	0.108
	(0.374)	(0.181)	(3.370)	(0.119)	(4.772)	(0.120)
Coal	0.000	-0.165	0.000	0.000	0.000	0.000
	(.)	(0.145)	(.)	(.)	(.)	(.)
TargetYear	0.222***	0.320***	-0.342	0.121**	-0.427	0.126**
	(0.083)	(0.066)	(0.665)	(0.054)	(0.992)	(0.054)
区域	Control	Control	Control	Control	Control	Control
时间	Control	Control	Control	Control	Control	Control
常数项	9.296**	-0.635	19.698	-2.056	23.996	-2.142*
	(4.018)	(1.990)	(38.617)	(1.287)	(56.416)	(1.294)
N	330	330	330	330	330	330

注：括号外为回归系数，括号内为标准误；*、**和***分别表示在0.1、0.05和0.01的水平上统计显著；模型控制了区域、时间虚拟变量和常数项。

往很难实现，故 Sobel 检验的结果仍存在局限性[1]。

表 5—17   **Sobel 检验**

	lnDeaths			Rategdp	
	Freq	AmountII	Commond	Freq	AmountII
a	1. 904 ***	1. 525 ***	1. 238 ***	1. 904 ***	1. 525 ***
b	0. 031 ***	0. 011	0. 014	0. 004 *	0. 002 **
Sobel Test	0. 059 **	0. 017	0. 017	0. 008 **	0. 004 **

注：*、** 和 *** 分别表示在 0.1、0.05 和 0.01 的水平上统计显著。

第六节 本书因果推断思路梳理

从相关关系到因果关系，如何既发掘因果关系也解释因果机制，是现代计量经济学的关键命题。实验研究最能揭示因果机制，而在基于大样本数据的统计分析中，如何排除不可观测或未知的干扰因素，避免自我选择、遗漏变量、反向因果等问题对因果推论的干扰，则需要通过"充分控制"确保"其他因素不变"，以此达到因果推断的目的。

本书实证检验了安全生产目标考核制度的实施效果，以目标考核制度出台年份为界设置制度出台与否的二分哑变量，尽管解释变量测量较为粗糙，但一方面，二分变量不失为当前评估政策实施效果的一种可行办法，设置实施前和实施后二分变量可以评估某项制度/政策或改革的效果，这种测量方法不仅适用于政策在不同地区非同步进行的情形，而且对所有地区同时采纳某项政策的情形也同样适用，且并不要求实施前后的时间区间必须一致；另一方面，在解释变量操作较为简单、可能会带来局限性的情况下，笔者接下来试图从研究设计的其他方面着手（如运用面板数据、充分控制关键变量、工具变量法解决内生性、断点回归增强稳健性等），增强研究结果的稳健性，确保因果关系能够得以充分

---

[1] D. P. Mackinnon, C. M. Lockwood and J. Williams, Confidence Limits for the Indirect Effect: Distribution of the Product and Resampling Methods, *Multivariate Behavioral Research*, Vol. 39, No. 1, 2004, pp. 99 – 128.

论证。

在第五章的最后，笔者试图对第四章和第五章实证研究为因果推断所做的努力进行进一步的梳理。图 5—13 展示了本书因果推断的主要路径，总体上来看，本书试图通过研究设计的科学性和研究结果的稳健性两个层面解决可能存在的内生性问题，进而推断因果。

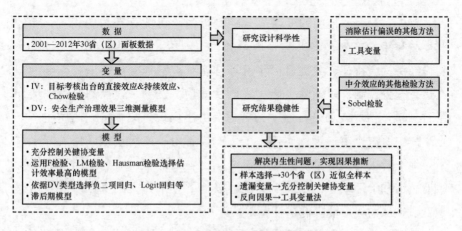

图 5—13 本书因果推断的思路梳理

一 研究设计层面

（一）数据：面板数据解决遗漏变量问题

截面数据由于无法得到不同时间点的观测效应，故难以进行因果推断；本书运用 2001—2012 年 30 个省（区、市）的面板数据，面板数据综合了截面数据和时间序列数据的优势，是对不同个体随时间变化状态的分析[1]，可以做到对同一个体进行追踪以得到个体随时间变化的趋势和规律，因而可以有效解决遗漏变量问题，便于解释因果机制。

（二）变量：同一变量采取多种测量手段

第一，解释变量方面，既通过二分变量反映目标考核制度效果的直接效应，同时也考察了其时间效应（持续效应），为反映目标考核制度实施效果是否在政策实施年份存在结构变量，进行了 Chow 检验。

---

① 陈云松、贺光烨、吴赛尔：《走出定量社会学双重危机》，《中国社会科学评价》2017 年第 3 期。

第二，为全面、客观地反映安全生产治理效果这一关键被解释变量，本书提出安全生产治理效果三维测量体系，力图涵盖绝对指标与相对指标两个层面，在考察事故总量控制指标的同时，兼顾重特大事故这一关键环节和煤矿安全这一重点领域，通过三个维度七个指标对安全生产治理效果进行测量，以增强研究结果的可信度。

（三）模型：同一假设运用多个计量模型

首先，对需要控制的变量充分控制以消除可能存在的伪相关。除控制地域和年份之外，本书基于理论和已有研究，对省级官员个人特征、省份经济社会特征、关键目标年份等可能对被解释变量有重要影响的因素进行充分控制，以消除可能存在的伪效应。例如，在控制变量中增加了对"生产情况或承诺习惯"的考虑，由于煤矿事故在工矿商贸生产安全事故中所占比重最大，而较之于不产煤省份、产煤量低或露天开采省份，地下开采的其他重点产煤省份往往更容易发生矿难，从而可能影响政府承诺和治理效果，因此需要设置以地下开采为主的重点产煤省份虚拟变量，从而尽可能降低估计偏误。

其次，依次运用 F 检验、LM 检验和 Hausman 检验在面板数据混合回归、固定效应和随机效应中选择估计效率最高的模型，加之，针对不同类别的被解释变量，如事故起数、注意力配置词频数等计数模型，在泊松回归和负二项回归中做出选择，对是否发生一次死亡 30 人以上的特大事故变量，则采用面板数据 Logit 回归进行分析，总之根据数据类别确定最恰当的估计模型。

最后，在通过 Hausman 检验选择面板数据固定效应或随机效应模型进行估计之外，进一步考虑到安全生产目标考核制度效果的产生存在一定的滞后效应，因而设置被解释变量的滞后项，将 $t+1$ 年的事故死亡人数等各被解释变量对 t 年解释变量进行回归，并使用省级层面的聚类稳健标准误进行估计，以避免同一个体不同时期扰动项之间可能存在的自相关。

二 研究结果层面
（一）消除估计偏误的其他方法：工具变量法

为解决研究设计中可能存在的"治理承诺"与"治理效果"因果倒

置的问题，本书专门进行了内生性检验，并运用工具变量法进行应对。对于时间序列或面板数据，常使用内生解释变量的滞后（即政府承诺的滞后值）作为工具变量，显然，内生解释变量与其滞后变量相关；另外，由于滞后变量已经发生，故为"前定"，故与当期的扰动项不相关，因此选取政府承诺的滞后值作为当期承诺的工具变量，这满足一个有效的工具变量应满足的"相关性"和"外生性"两个条件。因此，从模型检验结果来看，引入政府注意力配置滞后值这一工具变量后，政府承诺对死亡人数的负向影响仍然显著成立，而在加入内生变量（当期政府承诺）后，工具变量不再显著，这进一步说明所谓"因果倒置"或"内生性问题"得到一定程度的解决，证明了研究结果的稳健性。

（二）中介效应的其他检验策略：Sobel 检验

逐步检验法和包含 Sobel 检验在内的乘积系数法是中介效应最为主流的两类检验方法。逐步检验法的优点在于能够清晰地呈现中介变量发挥作用的逻辑和路径，在此基础上，乘积系数法可以直接提供中介效应的点估计和置信区间。为增强中介效应检验结果的稳健性，本书进行了基于抽样分布为正态分布的 Sobel 检验，多种检验策略的综合使用极大增强了统计功效和研究结果的稳健性。

笔者试图通过如上所述诸多环节，从研究设计科学性和研究结果稳健性两个维度，对研究假设进行充分论证。总的来看，本书试图通过研究论据的复合化，即一变量多测量，一假说多模型，一模型多数据，以此来解决样本选择、遗漏变量和反向因果等内生性问题，增强研究可信度和结果的稳健性，充实因果推断的相关证据。

第七节　本章小结

本章采用 30 个省（区、市）2001—2012 年的面板数据，对安全生产目标考核制度治理效果的中间机制进行了实证检验。基于对地方政府安全生产治理行为的刻画和测量，检验了治理承诺和治理政策在目标考核与治理效果之间的中介效应，以此打开安全生产"目标考核—治理效果"作用黑箱。

图 5—14 对本章研究思路进行了梳理。对地方政府安全生产治理行为

的分析是进一步验证"目标考核—治理效果"逻辑链条的关键，本书通过地方政府所出台的有关安全生产治理的行政法规、地方政府规章和规范性文件来具体刻画其安全生产治理行为，运用网络爬虫和人工识别整理相结合的方法，整理了包含有1464条公共政策的"中国地方政府安全生产治理地方性法规、规章及文件数据库"（2001—2012）。另一方面，对地方政府安全生产治理行为的分析需要体现地方政府与企业、行业、社会等其他治理主体的作用和互动关系。目标考核制度下，地方政府不仅要响应中央安全生产治理政策、回应辖区公众安全需求，而且要规制辖区企业生产经营活动、规范下级政府和相应职能部门的职能。基于此，本书将地方政府治理承诺和治理政策作为剖析地方政府安全生产治理行为的核心维度和打开"目标考核—治理效果"作用黑箱的关键环节，并对上述变量在目标考核与治理效果之间的中介效应进行了检验。

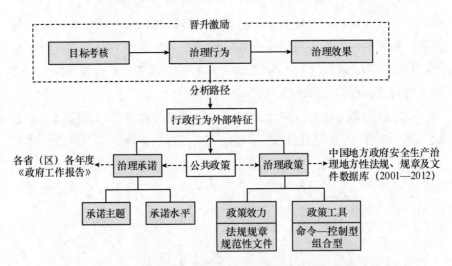

图5—14 第五章研究思路梳理：由治理行为到治理承诺和治理政策

研究发现，安全生产目标考核制度出台后，生产安全事故死亡人数和死亡率显著降低，地方政府在各年度《政府工作报告》中关于安全生产的治理承诺主题、地方政府颁布的安全生产治理规范性文件数量、地方政府出台的安全生产治理命令—控制型政策工具在目标考核与治理效果之间起到了部分中介的作用；而地方政府有关安全生产的治理承诺水平、地方政府颁布的法规规章数量以及组合型政策工具的中介效应则并不成立。

首先，目标考核制度下，地方政府有关安全生产的治理承诺引导了政府注意力配置方向，然而治理承诺并非都是可信承诺。尽管压力型体制下的严厉问责催生了地方政府对于特定领域工作的回应和承诺，但政府治理承诺能否转化为实打实的治理行为仍然有待进一步的检验。就治理承诺的两个分析维度而言，承诺主题设置表征了地方政府的资源和能力注意力配置方向，承诺水平则是对政府付出努力和达成目标的规定。实证结果显示，尽管在承诺主题维度上，目标考核显著提升了政府对安全生产的注意力配置，但就承诺水平维度而言，安全生产治理承诺水平的增加却并不能解释治理效果的好转。中央政府将安全生产纳入目标考核范畴之内体现了其施政重心的倾斜，"上有所好，下必甚焉"，目标考核制度出台后，地方政府确实对安全生产治理领域给予了更多的关注，政府承诺主题指引了资源与能力的投入方向和力度，但这种注意力配置的倾向更多地是地方政府的一种象征性的治理承诺；然而迫于承诺"兑现"的压力，地方政府即使做出承诺，所承诺的治理途径与目标也并非是能够切实引导治理行为的可信承诺，这导致了地方政府在安全生产治理中的知行差距。

其次，地方政府颁发的安全生产治理规范性文件是将目标考核压力化解为地方政府实际治理行为的主要载体。研究表明，尽管从法律效力上来看，地方行政法规和地方政府规章权威性更强，然而各省（区、市）颁布实施的有关安全生产的法规规章大多是对中央相应政策的积极响应与"跟风"复制，内容上具有高度同质性；同时，目标考核强力激励下，法规规章更多地传达了一种政治意义与符号色彩。而较之于法规规章，地方政府规范性文件的出台则体现了中央目标考核制度下对本地经济社会发展特征和安全生产治理实际的切实考量，在规制辖区企业生产经营活动、规范政府职能、营造全社会安全氛围方面更具实践指导性，因而能够对目标考核与治理效果之间的关系做出一定的解释。

最后，地方政府出台的安全生产治理命令—控制型政策工具是安全生产目标考核制度取得治理效果的关键路径。研究表明，地方政府出台的安全生产命令—控制型政策工具能够在一定程度上解释目标考核制度下安全生产治理效果的好转。安全生产目标任务由中央政府制定，由上而下依行政层级层层下放、分解和加码，同时在政府工作"争优创先"、"一年更比一年强"的价值倡导下，中央所确定的目标任务呈现逐年下降的趋势，导致地方政府完成目标的难度逐年上升。在这样的任务高压下，以行政手段为主导的命令—控制型政策工具由于其所具有的强制性和直接性成为安全生产规制的有效手段。尽管单一使用命令—控制型政策工具缺乏灵活性，不利于企业自发性安全生产意识和行为的养成，但如何将命令—控制型、市场激励型、社会参与型等多种政策手段相结合，如何真正实现多元主体在安全生产治理中的合作共治，尚需进一步的实践推进和研究启迪。

回应本章开篇提出的问题，本章试图在第四章的基础上，对晋升激励下安全生产目标考核制度治理效果的中间作用机制进行检验，以验证"目标考核—治理行为—治理效果"逻辑链条。基于已有理论和研究，借鉴政策分析的思路，本书对目标考核制度的主效应、地方政府治理承诺和治理政策的中介效应进行假设和检验，其意义和价值在于构建了地方政府安全生产治理行为分析框架，并将其作为解释目标考核制度下地方安全生产治理效果变化的关键变量，相应研究结论有利于从改善地方政府安全生产治理行为入手进一步扩大安全生产治理成效。

第 六 章

研究发现及政策建议

第一节　研究发现

第一，现有以事故结果控制指标为核心的安全生产目标考核评价体系不仅不能反映安全生产治理绩效，而且在评价政策效果中存在局限。

2004 年，随着以工矿商贸事故死亡人数、煤矿事故死亡人数和百万吨煤死亡率等为核心的安全生产控制指标体系的确立，我国安全生产目标考核制度开始实施。安全生产控制指标体系着重对于事故结果的考核，旨在通过事故结果指标对政策产出或输出（Policy Output）进行测量，聚焦于结果数据而缺失对投入、过程和影响的分析，因而不能揭示有关于政策绩效（Policy Performance）究竟如何的相关信息。这就导致了现有安全生产目标考核评价体系在揭示政策实施效果中的局限性。

尽管本书构建了综合考虑绝对指标和相对指标两个层面、总量控制、重特大事故和煤矿安全三个维度的安全生产治理效果测量体系，从分析结果来看，安全生产目标考核制度的出台与生产安全事故死亡人数、亿元 GDP 生产安全事故死亡率等事故指标呈相关关系，但目标考核制度对于提升安全生产治理效果的正面效应在具体指标上仍存在差异性和不一致性。主要表现在：其一，目标考核对生产安全事故控制绝对指标和相对指标的影响并不一致；其二，目标考核对明确列入考核内容和在考核之外的指标影响并不一致；其三，目标考核对于事故总量指标影响显著而在重特大事故和煤矿事故防控方面尚有较大的提升空间。

以上结果对现阶段安全生产目标考核制度体系下治理目标的设置提出了诸多质疑。首先，目标考核制度下，地方政府倾向于对明确列入考核范畴的指标大做文章，而对其他未列入控制指标体系但同样重要的指标则置之不理，因此，如何在众多能够反映事故治理结果的指标中合理确定考核对象成为一项难题。其次，2004 年安全生产控制指标规定全国各类事故死亡人数在 2003 年基础上下降2.5%，[①] 如此精确的总量控制难免带来对指标设置合理性和科学性的考问，加之压力型体制下，总量指标由上而下依行政层级层层下放、分解和加码，中央确定的总量目标任务逐年下降，不仅导致地方政府尤其是基层政府完成目标的难度逐年上升，而且对目标任务究竟该设置多少形成了进一步的追问。再次，绝对指标和相对指标互为补充，同属于安全生产控制指标体系，但目标考核制度实施对两类指标的影响并不一致，特别是其时间效应更是显著不同，这种多目标的复杂激励结构不仅不利于绩效目标的测量，而且会扰乱地方政府治理行为，引发选择性政策执行等行为[②]。由此可以发现，以事故结果控制指标为核心的安全生产目标考核评价体系不仅不能反映安全生产治理绩效，而且在评价治理政策产出中存在局限。

第二，以指标和考核为核心的压力型体制下，官员晋升对安全生产治理效果的激励作用相对有限。

2005 年科学发展观的提出带来我国经济发展方式的转向、进而政绩观和考核观的改变，传统"唯 GDP 至上"的考核评价方式和标准受到了巨大冲击。中央要求完善发展成果考核评价体系，纠正单纯以经济增长速度评定绩效的偏向，加大资源消耗、环境损害、生态效益、产能过剩、科技创新、安全生产、新增债务等指标的权重，安全生产、节能减排在政绩考核中甚至被赋予"一票否决"的重要地位，从而形成巨大的晋升激励。

然而，当安全生产、节能减排与经济增长相互冲突时，经济增长由于实现了上级政府、地方政府、辖区民众三股压力的聚合，因而更能取得广泛的社会共识，往往在地方官员的选择中被看作是重中之重。研究表明，大多数市县的行政一把手仍旧将辖区 GDP，地方财政收入以及固

---

① 《国家今年安全生产控制指标：事故死亡人数降2.5%》，《能源与环境》2004 年第 3 期。

② C. F. Minzner, Riots and Cover-Ups: Counterproductive Control of Local Agents in China, *University of Pennsylvania Journal of International Law*, Vol. 31, 2009, pp. 53 – 123.

定资产投资等作为晋升预期的关键考虑因素[①]。有学者指出，"……通过发展解决问题，地方政府在行动中把发展简化为经济增长"[②]。由此，大量研究验证了省级官员个人特征对辖区经济增长、进而晋升激励的作用，并取得了相对一致的结论。在地方环保治理领域，有研究表明虽然环保考核指标能够提高地方政府对于环境保护治理的回应性，然而环境治理绩效与官员仕途升迁并没有实质性联系，其政治激励作用相当有限，原因在于以指标和考核为核心的压力型政治激励模式在指标设置、测量监督等方面存在制度性缺陷[③]，由此政治激励本身对于激励地方官员执行中央环保政策作用相对有限[④]，同经济增长目标相比，环境污染执行约束性指标更可能流于形式[⑤]。本书的经验证据显示，各省（区、市）省长个人特征对安全生产治理效果的影响不及假设预期明显，且在各模型中并未取得相对一致的研究结论，仅有官员任期和来源在个别模型中得到了验证，而年龄的影响则始终并未被证实。因此，尽管安全生产在政绩考核中的重要性越来越高，但安全生产目标考核制度并不能提供足够有效的政治激励以强化地方政府的安全生产治理行为。相反，为了缓解强大的考核压力，"关系"和"统计"成为地方官员减压的工具[⑥][⑦]，操纵统计数据等行为屡见不鲜。

安全生产带来的晋升激励不足，除经济增长激励仍旧是最重要的晋升激励之外，还来源于安全生产治理的特殊性。安全生产治理是一项牵涉主体多元、利益复杂交错的系统工程，需要长期资金、技术、理念等

---

① X. Zhang, Implementation of Pollution Control Targets in China: Has a Centralized Enforcement Approach Worked? *China Quarterly*, Vol. 231, 2017, pp. 1–26.

② 杨雪冬：《压力型体制：一个概念的简明史》，《社会科学》2012年第11期。

③ 冉冉：《"压力型体制"下的政治激励与地方环境治理》，《经济社会体制比较》2013年第3期。

④ T. Heberer and A. Senz, Streamlining Local Behavior Through Communication, Incentives and Control: A Case Study of Local Environmental Policies in China, *Journal of Current Chinese Affairs*, Vol. 40, No. 3, 2011, pp. 77–112.

⑤ G. Kostka, Command without Control: The Case of China's Environmental Target System, *Regulation & Governance*, Vol. 10, No. 1, 2015, pp. 58–74.

⑥ 杨雪冬：《压力型体制：一个概念的简明史》，《社会科学》2012年第11期。

⑦ 唐海华：《"压力型体制"与中国的政治发展》，《中共宁波市委党校学报》2006年第1期。

的持续投入，治理效果不能够短期可见，其"不可毕其功于一役"的特征造成地方官员鲜有动力在相对有限的任期内投入治理努力；加之，生产安全事故具有偶发性和突发性，地方官员的治理努力往往会由于一次突发事故回到原点；另外，安全生产控制指标常被理解为地方拥有"计划内死多少人"的权力，由此，地方官员往往不会不遗余力地投入安全生产治理努力，而会遵循一定的"底线思维"，这大大影响了地方政府进行安全生产治理的自发性、积极性和主动性，由此，削弱了地方官员晋升对于安全生产治理效果的激励作用。

第三，目标考核制度下，以承诺治理水平和对中央政策的话语体系完全模仿为代表的象征性治理造成地方政府在安全生产治理中的知行差距，而只有实质性治理行为才能带来安全生产治理效果。

理查德·马特兰德（Richard Matland）提出的政策执行模糊—冲突模型（Ambiguity-Conflict Model of Policy Implementation）[1] 认为，从政策模糊程度和冲突程度入手，可对某项政策的特征进行分析，进而区分了行政执行、政治执行、试验性执行和象征性执行四种执行模型。其中，当模糊性和冲突性都较高时，政策执行者往往会选择象征性执行政策。象征性政策是指政府匆忙制定的宣言式政策，其政策目的在于表现其对于上级和公众所关注价值的迅速回应性和责任性而非具体的政策执行效果，以体现治理决心，表示有能力达成治理目标[2][3][4]。然而，相对于实质性治理，象征性治理往往与治理不足、治理缺失和治理失灵紧密关联。由此，象征性治理往往并不能取得理想的治理效果，造成了政策在执行中的梗阻。

本书在探析安全生产目标考核制度治理效果的中介作用机制时，将

---

[1] R. E. Matland, Synthesizing the Implementation Literature: The Ambiguity-Conflict Model of Policy Implementation, *Journal of Public Administration Research & Theory*, Vol. 5, No. 2, 1995, pp. 145 – 174.

[2] 田先红、罗兴佐：《官僚组织间关系与政策的象征性执行——以重大决策社会稳定风险评估制度为讨论中心》，《江苏行政学院学报》2016 年第 5 期。

[3] 刘天旭、张星久：《象征性治理：一种基层政府行为的信号理论分析》，《武汉大学学报》（哲学社会科学版）2010 年第 5 期。

[4] 刘天旭、范风华：《象征性治理——对政府治理失灵的一个概括》，《甘肃行政学院学报》2009 年第 5 期。

对地方政府安全生产治理行为的关注作为研究的关键环节，从治理承诺和治理政策两个层面对地方政府治理行为进行刻画。研究结果显示，地方政府在《政府工作报告》中关于安全生产的治理承诺主题、地方政府颁布的安全生产治理规范性文件、地方政府出台的安全生产治理命令—控制型政策工具在目标考核与治理效果之间起到了部分中介的作用；而地方政府有关安全生产的治理承诺水平、地方政府颁布的法规规章以及组合型政策工具的中介效应则并不成立。这说明目标考核制度下，象征性治理造成地方政府在安全生产治理中的知行差距，而只有实质性治理行为才能带来治理效果。

具体地，治理承诺方面，《政府工作报告》中关于安全生产的治理承诺是在中央目标考核压力下对上级政府和辖区公众的回应，属于象征性承诺；从治理政策的角度来看，地方人大和政府颁发的地方行政法规、地方政府规章通过使用中央政府的政策话语体系，对中央政府政策话语体系进行完全模仿，表现出与中央治理理念、原则、目标的高度一致，能够体现自身不折不扣进行治理的愿望和决心①②，是一种典型的象征性治理，而地方政府和相关职能部门出台的有关安全生产治理的规范性文件则充分考虑地方发展的特殊情况和实际需要，更具操作性和实践指导性，属于实质性治理。从研究结果来看，地方政府实质性治理行为在目标考核与治理效果之间具有中介效应，而象征性治理行为的中介效应并不成立。

第四，对地方政府安全生产治理过程控制的缺失是造成治理效果评价困境和治理绩效不彰的内在原因。

"工具价值"理性下，我国政府绩效评估复制了西方结果导向绩效评估的做法，而忽略了与之嵌套的前提性条件，从而引发了"官出数字，数字出官"、面子工程、形象工程等诸多问题③。在安全生产治理领域，

———————

① 刘天旭、张星久：《象征性治理：一种基层政府行为的信号理论分析》，《武汉大学学报》（哲学社会科学版）2010 年第 5 期。

② 刘天旭、范风华：《象征性治理——对政府治理失灵的一个概括》，《甘肃行政学院学报》2009 年第 5 期。

③ 尚虎平：《"结果导向"式政府绩效评估的前提性条件——突破我国政府绩效评估简单模仿窘境的路径》，《学海》2017 年第 2 期。

对结果指标的片面关注和对过程控制的缺失同样是当前安全生产治理困境的重要原因。过程控制是指程序或过程的规范能够保证结果的准确公正，这一逻辑假设在多学科中应用广泛[①]。生产运营管理中的统计过程控制（Statistical Process Control，SPC）即是应用控制图等统计分析技术对生产过程进行监控，对生产过程的随机波动与异常波动提出预警，以便生产管理人员及时采取措施消除异常，恢复过程的稳定，达到提高和控制产品质量的目的[②]；相应地，对安全生产治理的考核和问责不应仅着眼于结果关口。现有目标考核制度试图通过对事故起数、死亡人数、死亡率等结果指标的严格考核达到改善安全生产治理效果的目的，然而对治理行为过程控制的缺失往往导致政府治理努力无从测度，从根本上与安全生产治理这一有待技术与理念长期持续投入的系统工程不相适应。这一方面造成绝对指标与相对指标、考核范畴内外的不同指标以及总量控制、重特大事故和煤矿安全等各维度指标在评价安全生产治理效果时的不一致、进而评价困难。另一方面，目标考核制度下过程控制的缺失和对结果的过度关注触发了地方政府更多的象征性治理行为，地方政府往往通过对中央政府象征性的治理承诺和政策回应而非实质性的治理行为来应对考核压力，造成了地方政府安全生产治理中知行差距的存在和治理失灵。因此，对地方政府安全生产治理过程控制的缺失是造成治理效果评价困境和治理绩效不彰的内在原因。

第二节　政策建议

2004 年在全国范围内实施的安全生产目标考核制度被认为是遏制生产安全事故频发态势、控制主要生产安全事故指标的重要手段，本书基于中国省际面板数据，对安全生产目标考核制度的治理效果及其中间机制进行了实证检验，为"目标考核—治理行为—治理效果"逻辑链条提

---

① 马敏莉、袁国定：《基于过程方法的统计过程控制技术应用研究》，《制造业自动化》2009 年第 7 期。

② 马敏莉、袁国定：《基于过程方法的统计过程控制技术应用研究》，《制造业自动化》2009 年第 7 期。

供了初步证据。近年来，尽管我国安全生产状况有所好转，但安全生产治理形势依然严峻复杂，事故总量仍然较大，重特大事故依旧集中多发，如何从制度设计入手提升安全生产治理绩效？这是本书在理论剖析和实证证据基础上回归我国公共管理实践的意义所在。

我国安全生产治理是以政府为主导，企业、行业、社会和公众等多元主体共同参与的系统工程，具有长期性、持续性和复杂性；中央政府和地方政府在安全生产治理中是典型的委托—代理关系，由于委托方和代理方之间信息不对称且目标存在不一致，以事故结果控制指标为核心的目标考核制度成为一种激励机制以实现委托方和代理方利益、目标以及行动的一致性，然而目标考核制度造成了对事故结果指标的过分关注，不仅造成治理效果的评价困境，而且不利于治理绩效的提升；同时，尽管安全生产目标考核以精确的数字为呈现形式，但在如何改善治理行为、达成目标任务方面仍然存在高度的模糊性和冲突性，催生了地方政府的象征性治理行为。由此，从"目标考核—治理行为—治理效果"逻辑链条入手，加强对地方政府安全生产治理行为的过程控制，实现制度输入、治理过程、绩效输出的良性循环，是进一步扩大安全生产治理成效的必由之路。图6—1呈现了安全生产治理"制度输入—治理过程—绩效输出"循环。

一　输入层面：完善现有以事故结果指标控制为核心的安全生产目标考核制度

以事故结果控制指标为核心的安全生产目标考核制度将地方政府安全生产治理状况纳入政绩评价体系，自出台起就被视为是遏制事故的一剂良药。本书的分析表明，以事故结果控制指标为核心的安全生产目标考核评价体系不仅带来了安全生产治理效果的评价困境与对治理绩效的解释乏力，而且引发了对目标设置过程的诸多质疑：如何确定目标考核对象、如何规定目标任务、多目标下如何避免行为紊乱和执行偏差……从结果来看，目标考核压力下，单纯关注事故结果指标还会引发地方政府迎评行为、操纵数据和象征性治理等问题，这进一步加剧了其在反映地方政府安全生产治理绩效中的局限性。基于此，迫切要求从制度输入层面入手，完善现有以事故结果指标控制为核心的安全生产目标考核

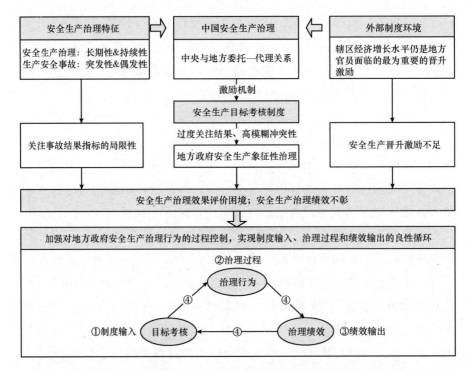

图6—1 安全生产治理"制度输入—治理过程—绩效输出"循环

注：图中①、②和③分别表示制度输入、治理过程和绩效输出，④表示"制度输入—治理过程—绩效输出"循环。

制度。

（一）打开目标设置黑箱

压力型体制下，组织内部实际运行过程的控制权包括目标设定权、检查验收权和激励分配权。具体地，中央政府通过正式的政策过程，设立具体政策目标并将政策目标发包给省级地方政府；中央政府作为分包商行使检查验收权，定期检查评估省级政府上交的政策实施成果，以确保作为承包商的省级政府如期按约完成政策目标①②③。安全生产目标考

---

① 周雪光、练宏：《政府内部上下级部门间谈判的一个分析模型——以环境政策实施为例》，《中国社会科学》2011 年第 5 期。

② 周雪光：《权威体制与有效治理：当代中国国家治理的制度逻辑》，《开放时代》2011 年第 10 期。

③ 周雪光、练宏：《中国政府的治理模式：一个"控制权"理论》，《社会学研究》2012 年第 5 期。

核制度的实施过程包括目标确立、目标分解、目标进展监测、目标完成情况考核四个阶段①，其中，中央政府的目标确立和分解阶段目前尚是一个外生于地方政府的静态、独立过程，② 上级政府往往会直接决定和公布目标任务和分解方案，而总量目标从何而来、总量目标依据何种标准层层下放和分解等相关信息却成为无法触及的黑箱。加之安全生产目标任务从年度时间序列来看存在"棘轮效应"，从某一年度纵向层级来看，层层加码现象十分普遍，若不能打开目标设置黑箱，目标任务设置的不科学及其与基层实际的脱节将进一步加剧地方治理困境。因此，亟需对目标任务的提出、调整和确定过程进行披露，同时广泛征求多元利益主体的意见，充分论证目标任务的科学性和可行性，保证目标设置过程的公开化、透明化。

（二）调整目标考核对象

组织目标包括目标维度和目标水平两个层面，目标维度规定了不同目标的优先选择和偏好次序，目标水平则关注特定目标的实现情况。③ 当前以事故结果指标为核心的安全生产目标考核评价困境主要来自于测量指标数量纷繁，当多个指标实施情况存在不一致时优先考虑哪一项指标尚不明确。也就是说，安全生产目标考核制度效果评价困境的来源之一是仅关注各个不同目标的实施水平，而缺乏对多个目标优先顺序的思考。这就导致地方政府较为普遍的选择性信息披露行为，即在众多指标中选择完成情况较好、而非更具指示意义或更重要的指标在《政府工作报告》、《国民经济与社会发展统计公报》等渠道进行公开，从而扰乱了对于安全生产治理效果的判断。因此，需要根据当前安全生产治理工作的重点，对安全生产治理目标维度进行界定。比如，相对指标综合考量了经济社会发展水平，能够反映事故的死亡成本，因此优先于绝对指标。

① 周志忍：《政府绩效评估中的公民参与：我国的实践历程与前景》，《中国行政管理》2008 年第 1 期。周志忍：《政府绩效评估中的公民参与：我国的实践历程与前景》，《中国行政管理》2008 年第 1 期。

② 马亮：《目标治国、绩效差距与政府行为：研究述评与理论展望》，《公共管理与政策评论》2017 年第 2 期。

③ G. A. Shinkle, Organizational Aspirations, Reference Points, and Goals: Building on the Past and Aiming for the Future, *Journal of Management Official Journal of the Southern Management Association*, Vol. 38, No. 1, 2012, pp. 415–455.

又如，在当前我国事故总量保持稳定甚至下降的总体态势下，对重特大事故的防范成为安全生产治理的关键，因此同其他指标相比，应该更为重视重特大事故的防范和遏制，并在目标考核体系中予以反映。

另一方面，安全生产治理的长期性和持续性、生产安全事故的突发性都决定了对于事故结果的测定不足以揭示地方政府在安全生产治理中的治理努力。因此，在关注事故结果指标的同时，要构建安全生产治理投入和过程绩效评价体系，将地方官员安全生产治理投入指标纳入目标考核体系，在关注死亡人数、死亡率等结果指标的同时，关注安全生产治理绩效的生产过程。如投入层面，可以增加对地方政府安全生产治理财政支出及其在地方财政总支出中比例结构的测度；过程层面，地方政府出台的有关安全生产治理的法规标准、安全生产行政审批改革进程、宣传教育培训等等都应纳入考核范畴。

（三）拓展目标考核周期

当前安全生产目标考核制度以年度目标的制订、执行和考核为主，可能带来两方面的问题。其一，相对于安全生产治理的长期性和生产安全事故的偶发性而言，年度目标的治理执行区间相对较短，尚不能全面反映地方政府在安全生产治理中投入的努力；其二，仅关注年度目标为数据造假行为提供了可能性，为了完成年度考核目标，地方政府往往会在年末岁尾采取操纵数据等策略性行为从而实现总量上的任务达标。[1] 由此，未来应考虑拓展安全生产目标考核的周期。一方面，增加对安全生产治理 3 年、5 年甚至 10 年等中长期指标的关注，并将其纳入目标考核体系，与现有全国以及各地安全生产五年规划共同形成有效的目标约束，以契合安全生产治理的长期性和持续性，避免地方政府在安全生产治理中的短视行为；另一方面，增加对安全生产治理季度、月度目标的关注，通过及时的数据统计增加操纵数据的难度，[2] 与此同时，从制度层面加强对数据质量的控制，加大对数据造假等行为的问责力度。

---

[1] G. A. Shinkle, Organizational Aspirations, Reference Points, and Goals: Building on the Past and Aiming for the Future, *Journal of Management Official Journal of the Southern Management Association*, Vol. 38, No. 1, 2012, pp. 415 – 455.

[2] 马亮:《目标治国、绩效差距与政府行为：研究述评与理论展望》,《公共管理与政策评论》2017 年第 2 期。

（四）改革相应的配套制度

在我国，干部人事管理制度与政府绩效管理制度是政府治理的重要工具，地方政府政绩考核结果往往成为影响干部升迁的重要依据。因此，完善目标考核体系的同时需要干部人事管理制度的适当调整。实证分析表明，尽管年龄、来源等其他官员特征因素与安全生产治理效果的关系并未得到证实，任期对于安全生产治理效果的影响在本书各实证模型中较为稳定和一致。研究表明，省级官员任期与死亡人数、重大事故起数、煤矿事故起数呈现 U 形关系，即任期与安全生产治理效果的倒 U 形关系，随着官员任期的不断增加，生产安全事故死亡人数降低，重大事故起数降低，煤矿安全事故降低，而当任期到达某一临界点时，死亡人数和事故起数开始回升。不同于集中开支便可取得效果的短期政绩工程，安全生产治理的长期性要求保持地方官员、特别是主管安全生产官员任期内的相对稳定，由此避免安全生产治理中可能存在的短视行为，通过干部人事管理制度的适当调整实现安全生产治理的持续性和常态化。

二　过程层面：加强对地方政府安全生产实质性治理行为的过程控制

本书实证分析的结果表明，地方政府安全生产治理承诺水平、地方政府所出台的有关安全生产治理的法规规章数量并不能揭示目标考核与治理效果之间的关系，这说明目标考核制度下，通过简单模仿、复制中央政府政策话语体系、通过治理承诺回应彰显治理决心、回应公众诉求的象征性治理并不能带来安全生产治理效果的改善。基于此，象征性治理造成地方政府在安全生产治理中的差距，而只有实质性治理行为才能带来治理效果的提升。基于此，需要加强对地方政府安全生产实质性治理行为的过程控制。

（一）完善治理承诺相应制度设计，以可信承诺约束治理行为

现有安全生产治理承诺具有不稳定性和不可持续性等特征，承诺的不稳定性表现在对安全生产的注意力配置波动大，如在样本期内，安徽省各年度《政府工作报告》中"安全生产"词频最高为 5 次，然而 2010 年却未对安全生产及相关领域工作做出任何承诺，词频为 0；承诺的不可持续性主要源自于省级官员换届的影响；此外，同一省份相邻年份政府

承诺的同质性较强，承诺表述甚至完全一致，如海南省2010年和2011年均为"强化食品药品和安全生产监管"，甘肃省2010年和2011年均提出"强化落实安全生产责任，有效预防各类事故的发生"，体现了政府承诺缺乏科学的论证过程。故应该从制度设计入手，逐步完善政府承诺的论证制度、公开制度、监督约束机制和责任追究机制，以合理、可信的政府承诺约束政府治理行为，以切实的治理行为兑现政府承诺，从而一方面提升安全生产治理效果，另一方面在"承诺—兑现"循环中增强政府对社会公众的回应性，避免政府信任陷入"塔西佗陷阱"①。

（二）以规范性文件为抓手，考察地方政府实质性治理行为

本书的结果表明，地方政府颁发的安全生产治理规范性文件是将目标考核压力化解为地方政府实质性治理行为的主要载体。目标考核强力激励下，地方政府出台的行政法规和政府规章更多地传达了一种政治意义与符号色彩，是象征性治理中典型的政治话语治理，而规范性文件则体现了中央目标考核下对本地经济社会发展特征和安全生产治理实际的切实考量，在规制辖区企业生产经营活动、规范政府职能、营造全社会安全氛围方面更具实践指导性，属于实质性治理。因此，对地方政府安全生产治理行为的关注要进一步区分象征性治理与实质性治理，增加对地方政府实质性治理行为的过程控制。具体地，可以从规范性文件入手，分析地方政府如何引导辖区产业政策的调整、如何配置对安全生产治理的投入、如何进行安全生产科研和技术开发等等，特别是如何落实生产经营单位安全生产主体责任以及强化安全生产的监管责任，把握地方政府安全生产治理的关键环节和核心要素，并形成可供分析、测度和量化的指标体系。

（三）以命令—控制型政策工具为主导，多种政策手段相结合

研究表明，地方政府出台的安全生产命令—控制型政策工具能够在一定程度上解释目标考核制度下安全生产治理效果的好转，是目标考核取得安全生产治理效果的关键路径。政策目标影响政策工具的选择，以

① 王连伟、刘太刚：《论政府信任的生成路径及其现实启示——基于"承诺—兑现"的分析视角》，《北京行政学院学报》2015年第6期。周耀东、余晖：《政府承诺缺失下的城市水务特许经营——成都、沈阳、上海等城市水务市场化案例研究》，《管理世界》2005年第8期。

行政手段为主导的命令—控制型政策工具是目标任务高压下安全生产规制的有效手段，然而行政手段扭曲自愿性和私人活动，导致经济上的无效率，不利于技术革新与进步以及安全生产治理长效机制的建立。由此，在政府主导下，将命令—控制型、市场激励型、社会参与型等多种政策手段相结合，充分调动企业、行业、社会、公众等多方主体的积极性，真正实现多元主体在安全生产治理中的合作共治，是未来安全生产治理的必由之路。

三　结果层面：实现由安全生产治理效果考核到安全生产绩效治理的转变

19 世纪末，西方新公共管理运动影响下的政府绩效管理在我国蔚然成风，并形成独具中国特色的以目标考核为中心的地方政府绩效评价模式。政府绩效评价的核心功能是导向性，即"想要什么就评价什么，评价什么就会得到什么"。按照这一逻辑，遵循"目标考核—治理行为—治理效果"链条，如果能够将投入、过程、产出、影响等绩效构成因素纳入目标考核和评价范畴，同时加强对地方政府安全生产治理行为的过程控制，此时，制度产出将不再仅局限于事故结果指标，而是综合考量安全生产治理投入、过程、产出、影响等各环节要素的治理绩效；对高治理绩效的追求会进一步引导目标考核的范畴、对象和方式，从而实现制度输入、治理过程、绩效输出的良性循环。

另一方面，尽管目标考核制度由目标确定、分解、执行、考核等多环节构成，由于目标确定和分解更多地是一种对结果的呈现，对目标执行过程的测度又往往是缺失的，由此安全生产目标考核制度的治理效果重在"考核"；而安全生产治理绩效则需要综合考虑制度输入和治理过程，特别是加强对治理行为的过程控制，试图通过绩效反馈形成目标设定的依据，因此重在"管理"。由此，如何实现制度输入、治理过程、绩效输出的良性循环，实现由安全生产治理效果考核到安全生产绩效治理的转变，这是未来进一步扩大安全生产治理成效的关键所在。

第 七 章

结束语

第一节 主要内容及结论

一 主要内容

2004 年，国务院出台安全生产目标考核制度，规定将地方政府安全生产治理效果纳入政绩考核评价体系之内，安全生产目标考核制度因此成为一项重要的晋升激励。本书综合公共管理学、公共经济学、组织行为学、政策科学等多学科领域，运用文献计量分析、建模分析、实证分析、内容分析等多种方法，对我国安全生产目标考核制度的治理效果进行了理论分析和实证研究。主要研究内容概括如下：

（1）基于公共选择理论"理性人"假设和中央政府和地方政府在安全生产治理中的委托—代理关系，建立包含安全生产和经济增长两类活动的地方官员晋升效用模型，着重考察在地方官员晋升效用最大化目标下，安全生产目标考核制度出台前后，不同程度的安全生产晋升激励水平如何影响地方政府的安全生产治理努力进而如何影响治理效果，以此从数学模型的角度对"目标考核—治理行为—治理效果"逻辑链条做一初探。

（2）在安全生产治理效果三维测量模型基础上，基于 2001—2012 年中国 30 个省（区、市）的面板数据，为安全生产目标考核制度的治理效果提供了翔实、全面的实证证据；进一步地，以地方政府安全生产治理行为作为打开"目标考核—治理效果"作用黑箱的关键，基于"中国地方政府安全生产治理地方性法规、规章及文件数据库"（2001—2012），构建包含有治理承诺和治理政策的地方政府安全生产治理行为分析维度框架，并对其在目标考核制度与治理效果之间的中介作用机制进行了检验。

（3）在建模分析和实证检验基础上，回归我国公共管理实践，从"目标考核—治理行为—治理效果"逻辑链条入手，加强对地方政府安全生产治理行为的过程控制，从制度输入、治理过程和绩效输出三个层面提出进一步扩大安全生产治理成效的政策建议。

二　研究结论

基于以上内容，本书的主要结论列举如下：

（一）关于安全生产目标考核制度的治理效果

研究表明，安全生产目标考核制度出台后，生产安全事故死亡人数、亿元 GDP 生产安全事故死亡率等事故指标显著下降，但目标考核对于提升安全生产治理效果的正面效应在具体指标方面仍存在差异性。首先，目标考核对生产安全事故控制绝对指标和相对指标的影响并不一致。其次，目标考核对明确列入考核内容和在考核之外的指标影响并不一致。目标考核出台与列入安全生产控制指标体系的事故死亡人数、死亡率、百万吨煤死亡率等呈现显著的负相关关系，但并未发现目标考核与未纳入考核范畴的重大事故起数、煤矿事故起数和煤矿事故死亡人数之间的负向关系。最后，具体考察目标考核对安全生产治理效果三个维度的影响，发现地方政府在事故死亡人数、死亡率等总量指标的治理中表现良好，而在重特大事故和煤矿事故防控方面还有较大的提升空间。

由此，尽管本书构建了综合考虑绝对指标和相对指标两个层面、总量控制、重特大事故和煤矿安全三个维度的安全生产治理效果测量体系，但以事故结果控制指标为核心的安全生产目标考核评价体系不仅不能反映安全生产治理绩效，而且在评价政策产出中存在局限。

（二）关于省级官员个人特征与安全生产治理效果

各模型检验结果显示，各省（区、市）省长个人特征对安全生产治理效果的影响不及假设预期明显，且在各模型中并未取得相对一致的研究结论，仅有任期和来源在个别模型中得到了验证，而年龄的影响则始终并未被证实。具体地，官员任期与死亡人数、重大事故起数、煤矿事故起数呈现 U 形关系，即任期与安全生产治理效果的倒 U 形关系，随着官员任期的不断，生产安全事故死亡人数降低，重大事故起数降低，煤矿安全事故降低，而当任期到达某一临界点时，死亡人数和事故起数开始回升；官员来源方面，相较于外地调任和中央调任官员，本地来源的官员所辖省（区、市）的重大事故起数更多。

这说明在经济发展水平仍旧是政绩考核主要考察因素的今天，较之于官员个人特征对地区经济发展影响的一致性，官员异质性对安全生产治理效果的影响机制则更为复杂。加之安全生产治理效果不能够短期可见，生产安全事故具有突发性，削弱了地方官员晋升对于安全生产治理效果的激励作用。因此尽管安全生产在政绩考核中的重要性越来越高，但安全生产目标考核制度并不能提供足够有效的政治激励以强化地方政府的安全生产治理行为。因此以指标和考核为核心的压力型体制下，省级官员晋升对安全生产治理效果的激励作用、进而目标考核激励地方政府改善安全生产治理效果的作用相对有限。

（三）关于安全生产目标考核制度治理效果的中间机制

研究表明，地方政府在各年度《政府工作报告》中关于安全生产的治理承诺主题、地方政府颁布的安全生产治理规范性文件、地方政府出台的安全生产治理命令—控制型政策工具在目标考核与治理效果之间起到了部分中介的作用。而地方政府有关安全生产的治理承诺水平、地方政府颁布的法规规章以及组合型政策工具的中介效应则并不成立。进一步地，将治理承诺与地方行政法规、规章界定为表征地方政府治理决心和回应性的象征性治理，而规范性文件则充分考虑地方发展的特殊情况和实际需要，更具操作性和实践指导性。由此，目标考核制度下，象征性治理造成地方政府在安全生产治理中的知行差距，地方政府实质性治理行为在目标考核与治理效果之间具有中介效应，能够带来治理效果的改善，而象征性治理行为的中介效应并不成立。

另外，在安全生产目标考核制度试图通过对事故起数、死亡人数、死亡率等结果指标的严格考核达到改善安全生产治理效果的政策初衷下，本书对安全生产目标考核制度治理效果中间机制的关注进一步追问了目标考核对于反映和提升安全生产治理效果中的局限性。特别是，目标考核制度下过程控制的缺失和对结果的过度关注触发了地方政府更多的象征性治理行为，地方政府往往通过对中央政府象征性的治理承诺和政策回应而非实质性的治理行为来应对考核压力，造成了地方政府安全生产治理中知行差距的存在和治理失灵。因此，对地方政府安全生产治理过程控制的缺失是造成治理效果评价困境和治理绩效不彰的内在原因。

第二节　主要贡献与创新点

一　主要贡献

第一，聚焦于中国安全生产治理这一具体情境和问题，构建了目标考核制度下考虑安全生产治理效果的地方官员晋升模型，不同于以往对于经济增长对晋升正向激励作用的片面关注，聚焦安全生产负向晋升激励，研究目标考核出台后晋升激励对地方政府安全生产治理行为和治理效果的影响。

第二，创新了安全生产目标考核制度治理效果研究的理论视角，从地方政府安全生产治理行为入手深入剖析"目标考核—治理效果"作用黑箱，提出了地方政府安全生产治理行为的分析框架，为安全生产目标考核制度对治理效果的影响机制提供了中层理论。

第三，为安全生产目标考核制度的治理效果提供了基于面板数据大样本的实证证据，对地方政府安全生产治理行为的关注有助于客观全面地把握安全生产治理绩效，从而破解单纯以事故结果控制指标为核心的治理效果评价困境，在此基础上，为从制度输入、治理过程和绩效输出三个层面进一步扩大安全生产治理成效提供了依据。

二　创新点

第一，本书基于省际面板数据，对我国安全生产目标考核制度的治理效果进行了较为全面的实证分析。基于安全生产治理效果三维测量模型，为目标考核与生产安全事故总量治理、重特大事故指标与煤矿安全指标之间的关系提供了翔实的经验证据，关注到目标考核制度的直接效应与持续效应的同时，检验了以官员个人特征为表征的晋升预期对目标考核下安全生产治理效果的影响，能够客观具体地揭示21世纪初以来我国安全生产治理状况的真实图景。

第二，本书通过对地方政府安全生产治理行为的关注，深入剖析了目标考核制度与治理效果之间的作用黑箱。对制度发挥效果作用过程的关注能够一方面破解以事故结果控制指标为核心的安全生产治理效果评价困境，有利于推动从对安全生产治理效果的考核转向对安全生产治理绩效的管理；另一方面，为进一步从过程控制入手改善安全生产治理状况提供了经验证据。

第三，本书通过地方政府所出台的有关安全生产治理的公共政策来具体刻画地方政府的安全生产治理行为。安全生产治理是一项以政府为主导、包含企业、行业、社会、工作等多方主体的系统工程。基于此，本书考虑地方政府与不同主体在安全生产治理中的作用和互动，进而从地方政府治理承诺和治理政策两个方面全面考量地方政府在安全生产治理中的具体治理行为。

第四，从研究方法的角度，遵循"问题界定—理论模型—实证证据—研究结论"的脉络，本书综合运用建模分析和实证检验两种主要路径，力图从理论和证据两个层面解决关键问题。具体地，在实证检验过程中，遵循因果推断的分析思路，通过面板数据运用、同一变量多种测量、同一假设多个模型以及断点回归、工具变量等方法的使用充分论证研究所涉及的实证关系；此外，在测量地方政府安全生产治理行为的过程中，通过网络爬取和人工整理识别相结合的路径，构建包含有 1464 条地方行政法规、地方政府规章和地方规范性文件在内的"中国地方政府安全生产治理地方性法规、规章及文件数据库"（2001—2012），并借鉴内容分析和政策文献计量分析的思路对政策进行进一步的分析。

第三节　未来研究方向

从总体上看，本书通过建模分析、实证检验、内容分析、政策文献计量分析等多种研究方法的运用，对我国安全生产目标考核制度的治理效果进行了较为深入的剖析，能够在一定程度上弥补现有成果对于相关问题研究的缺失，同时能够为改善现阶段我国安全生产治理实践提供具有启发意义的思考，具有一定的创新性和理论与实践意义。但囿于研究能力有限，本书仍存在一定的局限性，有待未来研究的进一步丰富和充实。

首先，本书聚焦于安全生产目标考核制度下省级政府的安全生产治理效果及其改进，这源自于本书认为地（市）级及县（区、市）级政府具体承担安全生产"监督管理"责任，而"治理"责任则由国务院和省级地方政府承担，意图通过两种责任维度的分野突出省级政府对于安全生产治理顶层设计的宏观指导，亦即发挥地方经济社会发展自主权，通过政策法规影响辖区重大发展战略、人事安排和资源配置。而从研究结果来看，目标考核制度下，省级官员晋升动机对安全生产治理效果的激励作用相对有限，可能的原因在于，相较于更低层级官员，省级官员晋升的影响因素更为多元。因此，未来研究应进一步聚焦于安全生产目标考核制度下地（市）级和县级政府的行为和政策实施效果，从而为本书的结论提供微观基础。另一方面，本书聚焦于中央政府和地方政府的委托—代理关系，若进一步拓展政策层级，可分析中央政府、省级政府和基层政府的双重委托—代理关系，从而获得更多关于目标考核制度在不同行政层级实施情形的真实图景，以增强研究结果的解释力。

其次，本书基于30个省（区、市）2001—2012年的面板数据对安全生产治理效果及其中间机制进行实证检验，所提出的研究假设来自于相应理论和已有研究的启发，虽尽可能做到控制所有对被解释变量有重要影响的关键变量，但由于安全生产治理效果的影响因素众多，故仍难以对其充分解释。例如，本书仅通过地方政府出台的公共政策考察省级政府的地方安全生产治理行为，然而政府与企业互动的微观机制却不曾触及，地方政府治理行为下辖区企业的行动策略同样影响治理效果，值得更进一步的研究和分析。

最后，从研究方法的角度来看，本书通过设置实施前和实施后的二分变量来检验目标考核制度的实施效果，存在由于解释变量测量粗糙而带来的局限性。基于此，本书通过面板数据运用、关键控制变量选取、内生性和稳健性检验等环节实现对因果关系的充分论证。然而，由于2004年目标考核制度在全国范围内同步实施，实证分析中缺乏控制组削弱了相关结论的解释力。由此，未来研究应通过访谈等尽可能获取有关目标考核制度实施效果的一手数据，刻画目标考核制度下地方政府的行动过程，以定性和定量相结合的混合研究设计进一步充实本书的论证过程，以得到更为科学稳健和具有普适性的研究结论。

参考文献

中文著作

包国宪、［美］道格拉斯·摩根：《政府绩效管理学》，高等教育出版社 2015 年版。

陈强：《高级计量经济学及 Stata 应用》，高等教育出版社 2014 年第二版。

陈晓萍、徐淑英、樊景立：《组织与管理研究的实证方法》，北京大学出版社 2008 年第二版。

陈振明：《政策科学：公共政策分析导论》，中国人民大学出版社 2003 年版。

陈振明：《公共管理学》，中国人民大学出版社 2005 年版。

俞可平：《论国家治理现代化》，社会科学文献出版社 2015 年修订版。

周黎安：《转型中的地方政府：官员激励与治理》，格致出版社 2017 年第二版。

中文论文

包群、彭水军：《经济增长与环境污染：基于面板数据的联立方程估计》，《世界经济》2006 年第 11 期。

程波辉、彭向刚：《委任制：当代中国领导干部选拔任用的现实选择》，《公共管理与政策评论》2015 年第 2 期。

陈思、罗云波、江树人：《激励相容：我国食品安全监管的现实选择》，《中国农业大学学报》（社会科学版）2010 年第 3 期。

陈云松、贺光烨、吴赛尔：《走出定量社会学双重危机》，《中国社会科学评价》2017 年第 3 期。

陈振明：《中国应急管理的兴起——理论与实践的进展》，《东南学术》
　　2010 年第 1 期。

方杰、张敏强：《参数和非参数 Bootstrap 方法的简单中介效应分析比较》，
　　《心理科学》2013 年第 3 期。

傅勇、张晏：《中国式分权与财政支出结构偏向：为增长而竞争的代价》，
　　《管理世界》2007 年第 3 期。

高翔：《最优绩效、满意绩效与显著绩效：地方干部应对干部人事制度的
　　行为策略》，《经济社会体制比较》2017 年第 3 期。

《国家今年安全生产控制指标：事故死亡人数降 2.5%》，《能源与环境》
　　2004 年第 3 期。

韩超、刘鑫颖、王海：《规制官员激励与行为偏好——独立性缺失下环境
　　规制失效新解》，《管理世界》2016 年第 2 期。

何文盛、王焱、蔡明君：《政府绩效评估结果偏差探析：基于一种三维视
　　角》，《中国行政管理》2013 年第 1 期。

何文盛、姜雅婷：《系统建构视角下政府绩效评估结果偏差生成机理的解
　　构与探寻》，《兰州大学学报》（社会科学版）2015 年第 1 期。

胡文国、刘凌云：《我国煤矿生产安全监管中的博弈分析》，《数量经济技
　　术经济研究》2008 年第 8 期。

黄萃、任弢、张剑：《政策文献量化研究：公共政策研究的新方向》，《公
　　共管理学报》2015 年第 2 期。

黄秋风、唐宁玉：《内在激励 VS 外在激励：如何激发个体的创新行为》，
　　《上海交通大学学报》（哲学社会科学版）2016 年第 5 期。

纪陈飞、吴群：《基于政策量化的城市土地集约利用政策效率评价研
　　究——以南京市为例》，《资源科学》2015 年第 11 期。

江克忠：《财政分权与地方政府行政管理支出——基于中国省级面板数据
　　的实证研究》，《公共管理学报》2011 年第 3 期。

江克忠、夏策敏：《财政分权背景下的地方政府预算外收入扩张——基于
　　中国省级面板数据的实证研究》，《浙江社会科学》2012 年第 8 期。

姜雅婷、柴国荣：《目标考核、官员晋升激励与安全生产治理效果——基
　　于中国省级面板数据的实证检验》，《公共管理学报》2017 年第 3 期。

姜雅婷、柴国荣：《安全生产问责制度的发展脉络与演进逻辑——基于

169 份政策文本的内容分析（2001—2015）》，《中国行政管理》2017 年第 5 期。

姜雅婷、柴国荣：《目标考核如何影响安全生产治理效果：政府承诺的中介效应》，《公共行政评论》2018 年第 1 期。

李江、刘源浩、黄萃、苏竣：《用文献计量研究重塑政策文本数据分析——政策文献计量的起源、迁移与方法创新》，《公共管理学报》2015 年第 2 期。

李金坷、曹静：《集中供暖对中国空气污染影响的实证研究》，《经济学报》2017 年第 3 期。

李双燕、万迪昉、史亚蓉：《公共安全生产事故的产生与防范——政企合谋视角的解析》，《公共管理学报》2009 年第 2 期。

李英、米晓红：《基于不完全信息博弈理论的地方煤矿安全监管的博弈分析》，《工业安全与环保》2007 年第 12 期。

李宜春：《政府部门党组制度与行政首长负责制》，《经济社会体制比较》2013 年第 6 期。

郦水清、陈科霖、田传浩：《中国的地方官员何以晋升：激励与选择》，《甘肃行政学院学报》2017 年第 3 期。

林润辉、谢宗晓、李娅、王川川：《政治关联、政府补助与环境信息披露——资源依赖理论视角》，《公共管理学报》2015 年第 2 期。

刘焕、吴建南、徐萌萌：《不同理论视角下的目标偏差及影响因素研究述评》，《公共行政评论》2016 年第 1 期。

刘焕、吴建南、孟凡蓉：《相对绩效、创新驱动与政府绩效目标偏差——来自中国省级动态面板数据的证据》，《公共管理学报》2016 年第 3 期。

刘骥、张玲、陈子恪：《社会科学为什么要找因果机制——一种打开黑箱、强调能动的方法论尝试》，《公共行政评论》2011 年第 4 期。

刘佳、马亮、吴建南：《省直管县改革与县级政府财政解困——基于 6 省面板数据的实证研究》，《公共管理学报》2011 年第 3 期。

刘佳、吴建南、马亮：《地方政府官员晋升与土地财政——基于中国地市级面板数据的实证分析》，《公共管理学报》2012 年第 2 期。

刘天旭、范风华：《象征性治理——对政府治理失灵的一个概括》，《甘肃行政学院学报》2009 年第 5 期。

刘天旭、张星久：《象征性治理：一种基层政府行为的信号理论分析》，《武汉大学学报》（哲学社会科学版）2010 年第 5 期。

马亮：《官员晋升激励与政府绩效目标设置——中国省级面板数据的实证研究》，《公共管理学报》2013 年第 2 期。

马亮：《绩效排名、政府响应与环境治理：中国城市空气污染控制的实证研究》，《南京社会科学》2016 年第 8 期。

马亮：《目标治国、绩效差距与政府行为：研究述评与理论展望》，《公共管理与政策评论》2017 年第 2 期。

马敏莉、袁国定：《基于过程方法的统计过程控制技术应用研究》，《制造业自动化》2009 年第 7 期。

毛万磊：《环境治理的政策工具研究：分类、特性与选择》，《山东行政学院学报》2014 年第 4 期。

芈凌云、杨洁：《中国居民生活节能引导政策的效力与效果评估——基于中国 1996—2015 年政策文本的量化分析》，《资源科学》2017 年第 4 期。

聂辉华、蒋敏杰：《政企合谋与矿难：来自中国省级面板数据的证据》，《经济研究》2011 年第 6 期。

彭纪生、孙文祥、仲为国：《中国技术创新政策演变与绩效实证研究（1978—2006）》，《科研管理》2008 年第 4 期。

彭纪生、仲为国、孙文祥：《政策测量、政策协同演变与经济绩效：基于创新政策的实证研究》，《管理世界》2008 年第 9 期。

彭玉生：《社会科学中的因果分析》，《社会学研究》2011 年第 3 期。

钱先航、曹廷求、李维安：《晋升压力、官员任期与城市商业银行的贷款行为》，《经济研究》2011 年第 12 期。

钱先航：《官员任期、政治关联与城市商业银行的贷款投放》，《经济科学》2012 年第 2 期。

乔坤元：《我国官员晋升锦标赛机制：理论与证据》，《经济科学》2013 年第 1 期。

乔坤元：《我国官员晋升锦标赛机制的再考察——来自省、市两级政府的证据》，《财经研究》2013 年第 4 期。

乔坤元、周黎安、刘冲:《中期排名、晋升激励与当期绩效:关于官员动态锦标赛的一项实证研究》,《经济学报》2014 年第 3 期。

冉冉:《"压力型体制"下的政治激励与地方环境治理》,《经济社会体制比较》2013 年第 3 期。

任国友:《地方安全生产监督管理体制:问题、原因及改进路径》,《中国安全生产科学技术》2013 年第 2 期。

任弢、黄萃、苏竣:《公共政策文本研究的路径与发展趋势》,《中国行政管理》2017 年第 5 期。

容志:《中国央地政府间关系的国内外争论:研究范式与评估》,《中共浙江省委党校学报》2009 年第 3 期。

尚虎平:《"绩效"晋升下我国地方政府非绩效行为诱因——一个博弈论的解释》,《财经研究》2007 年第 12 期。

尚虎平:《"结果导向"式政府绩效评估的前提性条件——突破我国政府绩效评估简单模仿窘境的路径》,《学海》2017 年第 2 期。

沈斌、梅强:《煤炭企业安全生产管制多方博弈研究》,《中国安全科学学报》2010 年第 9 期。

宋涛:《中国地方政府行政首长问责制度分析》,《当代中国政治研究报告》2007 年。

唐海华:《"压力型体制"与中国的政治发展》,《中共宁波市委党校学报》2006 年第 1 期。

唐庆鹏、康丽丽:《价值、困境及发展:社会治理中的政府承诺机制析论》,《广东行政学院学报》2013 年第 3 期。

唐志军、谢沛善:《试论激励和约束地方政府官员的制度安排》,《首都师范大学学报》(社会科学版)2010 年第 2 期。

陶长琪、刘劲松:《煤矿企业生产的经济学分析——基于我国矿难频发的经验与理论研究》,《数量经济技术经济研究》2007 年第 2 期。

田先红、罗兴佐:《官僚组织间关系与政策的象征性执行——以重大决策社会稳定风险评估制度为讨论中心》,《江苏行政学院学报》2016 年第 5 期。

王汉生、王一鸽:《目标管理责任制:农村基层政权的实践逻辑》,《社会学研究》2009 年第 2 期。

王红梅、王振杰:《环境治理政策工具比较和选择——以北京 PM2.5 治理为例》,《中国行政管理》2016 年第 8 期。

王红梅:《中国环境规制政策工具的比较与选择——基于贝叶斯模型平均(BMA)方法的实证研究》,《中国人口·资源与环境》2016 年第 9 期。

王连伟、刘太刚:《论政府信任的生成路径及其现实启示——基于"承诺—兑现"的分析视角》,《北京行政学院学报》2015 年第 6 期。

王贤彬、徐现祥:《地方官员来源、去向、任期与经济增长——来自中国省长省委书记的证据》,《管理世界》2008 年第 3 期。

王贤彬、徐现祥、李郇:《地方官员更替与经济增长》,《经济学》(季刊)2009 年第 4 期。

王贤彬、徐现祥:《地方官员晋升竞争与经济增长》,《经济科学》2010 年第 6 期。

王贤彬、徐现祥:《中国地方官员经济增长轨迹及其机制研究》,《经济学家》2010 年第 11 期。

王贤彬、张莉、徐现祥:《辖区经济增长绩效与省长省委书记晋升》,《经济社会体制比较》2011 年第 1 期。

王贤彬、徐现祥:《官员能力与经济发展——来自省级官员个体效应的证据》,《南方经济》2014 年第 6 期。

文宏:《中国政府推进基本公共服务的注意力测量——基于中央政府工作报告(1954—2013)的文本分析》,《吉林大学社会科学学报》2014 年第 2 期。

文宏、赵晓伟:《政府公共服务注意力配置与公共财政资源的投入方向选择——基于中部六省政府工作报告(2007—2012 年)的文本分析》,《软科学》2015 年第 6 期。

温忠麟、张雷、侯杰泰、刘红云:《中介效应检验程序及其应用》,《心理学报》2004 年第 5 期。

温忠麟、侯杰泰、张雷:《调节效应与中介效应的比较和应用》,《心理学报》2005 年第 2 期。

温忠麟、叶宝娟:《中介效应分析:方法和模型发展》,《心理科学进展》2014 年第 5 期。

吴海涛、丁士军、李韵:《农村税费改革的效果及影响机制——基于农户面板数据的研究》,《世界经济文汇》2013 年第 1 期。

吴建南、马亮:《政府绩效与官员晋升研究综述》,《公共行政评论》2009
　　年第 2 期。

吴建南、胡春萍、张攀、王颖迪:《效能建设能改进政府绩效吗? ——基
　　于 30 省面板数据的实证研究》,《公共管理学报》2015 年第 3 期。

吴建南、徐萌萌、马艺源:《环保考核、公众参与和治理效果: 来自 31
　　个省级行政区的证据》,《中国行政管理》2016 年第 9 期。

吴建祖、王欣然、曾宪聚:《国外注意力基础观研究现状探析与未来展
　　望》,《外国经济与管理》2009 年第 6 期。

肖兴志、齐鹰飞、李红娟:《中国煤矿安全规制效果实证研究》,《中国工
　　业经济》2008 年第 5 期。

肖兴志、胡艳芳:《中国食品安全监管的激励机制分析》,《中南财经政法
　　大学学报》2010 年第 1 期。

徐现祥、李郇、王美今:《区域一体化、经济增长与政治晋升》,《经济
　　学》(季刊)2007 年第 4 期。

徐现祥、王贤彬:《晋升激励与经济增长: 来自中国省级官员的证据》,
　　《世界经济》2010 年第 2 期。

姚洋、张牧扬:《官员绩效与晋升锦标赛——来自城市数据的证据》,《经
　　济研究》2013 年第 1 期。

杨帆、王诗宗:《中央与地方政府权力关系探讨——财政激励、绩效考核
　　与政策执行》,《公共管理与政策评论》2015 年第 3 期。

杨海生、罗党论、陈少凌:《资源禀赋、官员交流与经济增长》,《管理世
　　界》2010 年第 5 期。

杨宏山:《超越目标管理: 地方政府绩效管理展望》,《公共管理与政策评
　　论》2017 年第 1 期。

杨君:《政府年度工作报告: 官员问责机制建设的一个新视角》,《中国行
　　政管理》2011 年第 4 期。

杨君:《晋升预期、政策承诺与治理绩效——基于 15 个副省级城市 GAR
　　的研究》,《公共行政评论》2011 年第 5 期。

杨君、倪星:《晋升预期、政治责任感与地方官员政策承诺可信度——基
　　于副省级城市 2001—2009 年政府年度工作报告的分析》,《中国行政管

理》2013 年第 5 期。

杨开峰：《强化公共管理实证研究势在必行》,《实证社会科学》2016 年
第 1 期。

杨良松、庞保庆：《省长管钱？——论省级领导对于地方财政支出的影
响》,《公共行政评论》2014 年第 4 期。

杨雪冬：《压力型体制：一个概念的简明史》,《社会科学》2012 年第
11 期。

杨志军、耿旭、王若雪：《环境治理政策的工具偏好与路径优化——基于
43 个政策文本的内容分析》,《东北大学学报》(社会科学版) 2017 年
第 3 期。

叶选挺、李明华：《中国产业政策差异的文献量化研究——以半导体照明
产业为例》,《公共管理学报》2015 年第 2 期。

余莎、耿曙：《社会科学的因果推论与实验方法——评 Field Experiments
and Their Critics：Essays on the Uses and Abuses of Experimentation in the
Social Sciences》,《公共行政评论》2017 年第 2 期。

于文超、何勤英：《政治联系、环境政策实施与企业生产效率》,《中南财
经政法大学学报》2014 年第 2 期。

于文超、高楠、龚强：《公众诉求、官员激励与地区环境治理》,《浙江社
会科学》2014 年第 5 期。

于文超、高楠、查建平：《政绩诉求、政府干预与地区环境污染——基于
中国城市数据的实证分析》,《中国经济问题》2015 年第 5 期。

于文超：《公众诉求、政府干预与环境治理效率——基于省级面板数据的
实证分析》,《云南财经大学学报》2015 年第 5 期。

袁凯华、李后建：《官员特征、激励错配与政府规制行为扭曲——来自中
国城市拉闸限电的实证分析》,《公共行政评论》2015 年第 6 期。

张国兴、高秀林、汪应洛、郭菊娥、汪寿阳：《中国节能减排政策的测
量、协同与演变——基于 1978—2013 年政策数据的研究》,《中国人
口·资源与环境》2014 年第 12 期。

张涵、康飞：《基于 bootstrap 的多重中介效应分析方法》,《统计与决策》
2016 年第 5 期。

张红春、卓越：《国内社会保障研究的知识图谱与热点主题——基于文献

计量学共词分析的视角》，《公共管理学报》2011 年第 4 期。

张军、高远：《官员任期、异地交流与经济增长——来自省级经验的证据》，《经济研究》2007 年第 11 期。

张莉、王贤彬、徐现祥：《财政激励、晋升激励与地方官员的土地出让行为》，《中国工业经济》2011 年第 4 期。

赵静、陈玲、薛澜：《地方政府的角色原型、利益选择和行为差异——一项基于政策过程研究的地方政府理论》，《管理世界》2013 年第 2 期。

周黎安：《晋升博弈中政府官员的激励与合作——兼论我国地方保护主义和重复建设问题长期存在的原因》，《经济研究》2004 年第 6 期。

周黎安、陈烨：《中国农村税费改革的政策效果：基于双重差分模型的估计》，《经济研究》2005 年第 8 期。

周黎安：《中国地方官员的晋升锦标赛模式研究》，《经济研究》2007 年第 7 期。

周黎安：《官员晋升锦标赛与竞争冲动》，《人民论坛》2010 年第 15 期。

周黎安、陶婧：《官员晋升竞争与边界效应：以省区交界地带的经济发展为例》，《金融研究》2011 年第 3 期。

周黎安：《行政发包制》，《社会》2014 年第 6 期。

周黎安、刘冲、厉行、翁翕：《"层层加码"与官员激励》，《世界经济文汇》2015 年第 1 期。

周婷婷、方乐、马晓南、刘德海：《地方政府与煤矿企业安全生产协作的互惠博弈模型》，《电子科技大学学报》（社会科学版）2015 年第 6 期。

周雪光、练宏：《政府内部上下级部门间谈判的一个分析模型——以环境政策实施为例》，《中国社会科学》2011 年第 5 期。

周雪光：《权威体制与有效治理：当代中国国家治理的制度逻辑》，《开放时代》2011 年第 10 期。

周雪光、练宏：《中国政府的治理模式：一个"控制权"理论》，《社会学研究》2012 年第 5 期。

周耀东、余晖：《政府承诺缺失下的城市水务特许经营——成都、沈阳、上海等城市水务市场化案例研究》，《管理世界》2005 年第 8 期。

周志忍：《公共组织绩效评估：中国实践的回顾与反思》，《兰州大学学报》（社会科学版）2007 年第 1 期。

周志忍：《政府绩效评估中的公民参与：我国的实践历程与前景》，《中国
　　行政管理》2008 年第 1 期。

卓越、张红春：《绩效激励对评估对象绩效信息使用的影响》，《公共行政
　　评论》2016 年第 2 期。

左才：《社会绩效、一票否决与官员晋升——来自中国城市的证据》，《公
　　共管理与政策评论》2017 年第 3 期。

中译著作

［澳］欧文·E. 休斯：《公共管理导论》，张成福、王学栋等译，中国人
　　民大学出版社 2001 年第二版。

［加］迈克尔·豪利特、M. 拉米什：《公共政策研究：政策循环与政策子
　　系统》，庞诗等译，生活·读书·新知三联书店 2006 年版。

［美］艾尔·巴比：《社会研究方法》，邱泽奇译，华夏出版社 2005 年版。

［美］安妮·玛丽·弗朗西斯科、巴里·艾伦·戈尔德：《国际组织行为
　　学》，顾琴轩译，上海人民出版社 2014 年版。

［美］道恩·亚科布齐：《中介作用分析》，李骏译，格致出版社 2012
　　年版。

［美］加里·金、罗伯特·基欧汉、悉尼·维巴：《社会科学中的研究设
　　计》，陈硕译，格致出版社 2014 年版。

［美］杰弗里·M. 伍德里奇：《计量经济学导论：现代观点》，费建平译，
　　中国人民大学出版社 2015 年第 5 版。

［美］迈尔斯、休伯曼：《质性资料的分析：方法与实践》，张芬芬译，重
　　庆大学出版社 2008 年版。

［美］托马斯·R. 戴伊：《理解公共政策》，谢明译，中国人民大学出版
　　社 2011 年第十一版。

［美］詹姆斯·E. 安德森：《公共决策》，唐亮译，华夏出版社 1990
　　年版。

学位论文

马青艳：《激励机制与民族自治地方政府效能研究》，博士学位论文，中
　　央民族大学，2009。

外文论文

A. M. S. Mostafa, J. S. Gould-Williams and P. Bottomley, High-Performance Human Resource Practices and Employee Outcomes: The Mediating Role of Public Service Motivation, *Public Administration Review*, Vol. 75, No. 5, 2015.

A. S. H. Ingram, Behavioral Assumptions of Policy Tools, Journal of Politics, Vol. 52, No. 2, 1990.

A. W. Homer, Coal Mine Safety Regulation in China and the USA, Journal of Contemporary Asia, Vol. 39, No. 3, 2009.

Baron, R. M and Kenny, D. A, The Moderator-mediator Variable Distinction in Social Psychological Research: Conceptual, Strategic, and Statistical Considerations, Journal of Personality and Social Psychological, Vol. 51, No. 6, 1981.

B. Gilley, Authoritarian Environmentalism and China's Response to Climate Change, Environmental Politics, Vol. 21, No. 2, 2012.

B. Holmstrom, Managerial Incentives Problems: A Dynamic Perspective, Review of Economic Studies, Vol. 66, No. 1, 1999, pp. 169 – 182.

B. Ma and X. Zheng, Biased Data Revisions: Unintended Consequences of China's Energy-Saving Mandates, China Economic Review, Vol. 48, 2018, pp. 102 – 113.

H. Jin, Y. Qian and B. R. Weingast, Regional Decentralization and Fiscal Incentives: Federalism, Chinese Style, Journal of Public Economics, Vol. 89, No. 9 – 10, 2005, pp. 1719 – 1742.

C. F. Minzner, Riots and Cover-Ups: Counterproductive Control of Local Agents in China, University of Pennsylvania Journal of International Law, Vol. 31, 2009, pp. 53 – 123.

C. W. Kou and W. H. Tsai, "Sprinting with Small Steps" Towards Promotion: Solutions for the Age Dilemma in the CCP Cadre Appointment System, China Journal, Vol. 71, No. 71, 2014.

D. Ghanem and J. Zhang, "Effortless Perfection": Do Chinese Cities Manipulate Air Pollution Data? Journal of Environmental Economics & Management, Vol. 68, No. 2, 2014, pp. 203 – 225.

D. L. Brito, J. H. Hamilton, S. M. Slutsky, and J. E. Stiglitz, Dynamic Optimal Income Taxation with Government Commitment, Journal of Public Economics, Vol. 44, No. 1, 1989.

D. P. Mackinnon, C. M. Lockwood and J. Williams, Confidence Limits for the Indirect Effect: Distribution of the Product and Resampling Methods, Multivariate Behavioral Research, Vol. 39, No. 1, 2004.

E. A. Locke and G. P. Latham, A Theory of Goal Setting & Task Performance, Academy of Management Review, 1990, pp. 480 – 483.

E. Caldeira, Yardstick Competition in a Federation: Theory and Evidence from China, China Economic Review, Vol. 23, No. 4, 2012.

E. K. Choi, Patronage and Performance: Factors in the Political Mobility of Provincial Leaders in Post-Deng China, China Quarterly, Vol. 212, No. 212, 2012.

F. E. Kydl and E. C. Prescott, Rules Rather Than Discretion: The Inco consistency of Optimal Plans, Journal of Political Economy, Vol. 85, No. 3, 1977.

F. Su, R. Tao, L. Xi and M. Li, Local Officials' Incentives and China's Economic Growth: Tournament Thesis Reexamined and Alternative Explanatory Framework, China & World Economy, Vol. 20, No. 4, 2012.

G. A. Shinkle, Organizational Aspirations, Reference Points, and Goals: Building on the Past and Aiming for the Future, Journal of Management Official Journal of the Southern Management Association, Vol. 38, No. 1, 2012.

G. Bevan and C. Hood, What's Measured is What Matters: Targets and Gaming in the English Public Health Care System, Public Administration, Vol. 84, No. 3, 2006.

G. C. Chow, Tests of Equality between Sets of Coefficients in Two Linear Regressions, Econometrica, Vol. 28, No. 3, 1960.

G. Gang, Retrospective Economic Accountability under Authoritarianism, Political Research Quarterly, Vol. 60, No. 3, 2007.

G. Guo, China's Local Political Budget Cycles, American Journal of Political Science, Vol. 53, No. 3, 2009.

G. Kostka, Command without Control: The Case of China's Environmental Target System, Regulation & Governance, Vol. 10, No. 1, 2015.

G. P. Baker, M. C. Jensen and K. J. Murphy, Compensation and Incentives: Practice vs. Theory, Journal of Finance, Vol. 43, No. 3, 1988.

G. P. Latham and E. A. Locke, Self-regulation through Goal Setting, Organizational Behavior & Human Decision Processes, Vol. 50, No. 2, 1991.

H. Jin, Y. Qian and B. R. Weingast, Regional Decentralization and Fiscal Incentives: Federalism, Chinese Style, Journal of Public Economics, Vol. 89, No. 9 – 10, 2005, pp. 1719 – 1742.

Li H., Zhou L. A., Political Turnover and Economic Performance: the Incentive Role of Personnel Control in China, Journal of Public Economics, Vol. 89, No. 9 – 10, 2005, pp. 1743 – 1762.

H. Nie, M. Jiang and X. Wang, The Impact of Political Cycle: Evidence from Coalmine Accidents in China, Journal of Comparative Economics, Vol. 41, No. 4, 2013.

H. S. Chan and J. Gao, Performance Measurement in Chinese Local Governments: Guest Editors' Introduction, Chinese Law & Government, Vol. 41, No. 2, 2008.

J. Chen, D. Luo, G. She and Q. W. Ying, Incentive or Selection? A New Investigation of Local Leaders' Political Turnover in China, Social Science Quarterly, Vol. 98, No. 1, 2016.

J. Gao, Governing by Goals and Numbers: A Case Study in the Use of Performance Measurement to Build State Capacity in China, Public Administration and Development, Vol. 29, No. 1, 2009.

J. Gao, Hitting the Target but Missing the Point: The Rise of Non-Mission-Based Targets in Performance Measurement of Chinese Local Governments, Administration & Society, Vol. 42, No. 1, 2010.

J. Gao, Pernicious Manipulation of Performance Measures in China's Cadre Evaluation System, China Quarterly, Vol. 223, 2015, pp. 1 – 20.

J. Gao, Political Rationality vs. Technical Rationality in China's Target-based Performance Measurement System: The Case of Social Stability Maintenance, Policy & Society, Vol. 34, No. 1, 2015.

J. Gao, "Bypass the Lying Mouths": How Does the CCP Tackle Information Distortion at Local Levels? The China Quarterly, Vol. 228, 2016, pp. 1 – 20.

J. L. Perry, and W. Vandenabeele, Public Service Motivation Research: Achievements, Challenges, and Future Directions, Public Administration Review, Vol. 75, No. 5, 2015.

J. Liang, Who Maximizes (or Satisfices) in Performance Management? An Empirical Study of the Effects of Motivation-Related Institutional Contexts on Energy Efficiency Policy in China, Public Performance & Management Review, Vol. 38, No. 2, 2014.

J. Liang and L. Langbein, Performance Management, High-Powered Incentives, and Environmental Policies in China, International Public Management Journal, Vol. 18, No. 3, 2015.

J. M. Buchanan, The Economic Theory of Politics Reborn, Challenge, Vol. 31, No. 2, 1988.

J. P. Burns, Strengthening Central CCP Control of Leadership Selection: The 1990 Nomenklatura, China Quarterly, Vol. 138, No. 138, 1994.

J. R. Kale, E. Reis and A. Venkateswaran, Rank-Order Tournaments and Incentive Alignment: The Effect on Firm Performance, Journal of Finance, Vol. 64, No. 3, 2009.

J. Wei, P. Cheng and L. Zhou, The Effectiveness of Chinese Regulations on Occupational Health and Safety: A Case Study on China's Coal Mine Industry, Journal of Contemporary China, Vol. 25, No. 102, 2016.

K. Jin, and T. K. Courtney, Work-related Fatalities in the People's Republic of China, Journal of Occupational & Environmental Hygiene, Vol. 6, No. 7, 2009.

K. S. Kung and S. Chen, The Tragedy of the Nomenklatura: Career Incentives and Political Radicalism during China's Great Leap Famine, American Political Science Review, Vol. 105, No. 1, 2011.

K. Smith, E. Locke and D. Barry, Goal Setting, Planning, and Organizational Performance: An Experimental Simulation, Organizational Behavior and Human Decision Processes, Vol. 46, No. 1, 1990.

L. R. James, and J. M. Brett, Mediators, Moderators, and Test for Mediation, Journal of Applied Psychology, Vol. 69, No. 2, 1984.

M. C. Jensen and W. H. Meckling, Theory of the Firm: ManagerialBehavior, Agency Costs and Capital Structure, Journal of Financial Economics, Vol. 3, No. 4, 1976.

M. Delmas and B. Heiman, Government Credible Commitment to the French and American Nuclear Power Industries, Journal of Policy Analysis and Management, Vol. 20, No. 3, 2001.

M. E. Sobel, Asymptotic Confidence Intervals for Indirect Effects in Structural Equation Models, Sociological Methodology, Vol. 13, No. 13, 1982.

M. Edin, Why Do Chinese Local Cadres Promote Growth? Institutional Incentives and Constraints of Local Cadres, Forum for Development Studies, Vol. 25, No. 1, 1998.

M. Edin, State Capacity and Local Agent Control in China: CCP Cadre Management from A Township Perspective, China Quarterly, Vol. 173, No. 173, 2003.

M. J. Pedersen, Activating the Forces of Public Service Motivation: Evidence from a Low-Intensity Randomized Survey Experiment, Public Administration Review, Vol. 75, No. 5, 2015.

Ma. Liang, Performance Feedback, Government Goal-setting and Aspiration Level Adaptation: Evidence from Chinese Provinces, Public Administration, Vol. 94, No. 2, 2016.

M. Manion, The Cadre Management System, Post-Mao: The Appointment, Promotion, Transfer and Removal of Party and State Leaders, China Quarterly, Vol. 102, No. 102, 1985.

M. S. Miller, The Relationship between Short-Term Political Appointments and Bureaucratic Performance: The Case of Recess Appointments in the United States, Journal of Public Administration Research & Theory, Vol. 25, No. 1,

2014.

N. Beck, Time-series-cross-section Data: What Have we Learned in the Past Few Years? Annual Review of Political Science, Vol. 4, No. 1, 2003.

N. Petrovsky, O. James and G. A. Boyne, New Leaders' Managerial Background and the Performance of Public Organizations: The Theory of Publicness Fit, Journal of Public Administration Research and Theory, Vol. 25, No. 1, 2015.

O. Levy, The Influence of Top Management Team Attention Patterns on Global Strategic Posture of Firms, Journal of Organizational Behavior, Vol. 26, No. 7, 2005.

Organization for Economic Co-operation and Development, OECD Environmental Strategy for the First Decade of the 21st. Century: Adopted by OECD Environment Ministers, 2001.

P. B. Clark and J. Q. Wilson, Incentive Systems: A Theory of Organizations, Administrative Science Quarterly, Vol. 6, No. 2, 1961.

P. E. Oecd, Performance Management in Government: Performance Measurement and Results-oriented Management, Vol. 2, No. 16, 1994, pp. 322 – 323.

P. F. Landry, The Political Management of Mayors in Post-Deng China, Copenhagen Journal of Asian Studies, Vol. 17, No. 17, 2003.

P. Finance, Performance Management in the Government of the People's Republic of China: Accountability and Control in the Implementation of Public Policy, Oecd Journal on Budgeting, Vol. 10, No. 2, 2010.

P. Low, International Trade and the Environment, Economic Affairs, Vol. 16, No. 5, 2010.

P. Persson and E. Zhuravskaya, The Limits of Career Concerns in Federalism: Evidence from China, Journal of the European Economic Association, ·Vol. 14, No. 2, 2015.

R. Bo, The Chinese Paradox of High Growth and Low Quality of Government: The Cadre Organization Meets Max Weber, Governance, Vol. 28, No. 4, 2015.

R. D. Behn, Why Measure Performance? Different Purposes Require Different Measures, Public Administration Review, Vol. 63, No. 5, 2003.

R. E. Matland, Synthesizing the Implementation Literature: The Ambiguity-Conflict Model of Policy Implementation, Journal of Public Administration Research & Theory, Vol. 5, No. 2, 1995.

R. E. Miles, C. C. Snow, A. D. Meyer and H. J. Coleman, Organization Strategy, Structure and Process, Academy of Management Review, Vol. 3, No. 3, 1978.

R. Fisman and Y. Wang, The Mortality Cost of Political Connections, The Review of Economic Studies, Vol. 82, No. 4, 2015.

R. Fisman and Y. Wang, The Distortionary Effects of Incentives in Government: Evidence from China's "Death Ceiling" Program, American Economic Journal: Applied Economics, Vol. 9, No. 2, 2017, pp. 202 –218.

R. G. Frank, Government Commitment and Regulation of Prescription Drugs, Health Aff, Vol. 22, No. 3, 2003.

R. Jia and H. Nie, Decentralization, Collusion and Coalmine Deaths, Social Science Electronic Publishing, Vol. 52, No. 3, 2012.

R. Jia, M. Kudamatsu and D. Seim, Political Selection in China: The Complementary Roles of Connections and Performance, Journal of the European Economic Association, Vol. 13, No. 4, 2015.

R. L. Daft and K. E. Weick, Toward a Model of Organizations as Interpretation Systems, Academy of Management Review, Vol. 9, No. 2, 1984.

S. C. Hon and G. Jie, Death versus GDP! Decoding the Fatality Indicators on Work Safety Regulation in Post-Deng China, China Quarterly, Vol. 210, 2012, pp. 355 –377.

S. Eaton and G. Kostka, Authoritarian Environmentalism Undermined? Local Leaders' Time Horizons and Environmental Policy Implementation, The China Quarterly, Vol. 218, No. 1, 2014.

S. Nicholsoncrotty, The Politics of Diffusion: Public Policy in the American States, Journal of Politics, Vol. 71, No. 71, 2009.

Stazyk E and T. Goerdel H, The Benefits of Bureaucracy: Public Managers'

Perceptions of Political Support, Goal Ambiguity, and Organizational Effectiveness, Journal of Public Administration Research and Theory, Vol. 21, No. 4, 2010.

Su Jung C and G. Rainey H, Organizational Goal Characteristics and Public Duty Motivation in US Federal Agencies, Review of Public Personnel Administration, Vol. 31, No. 1, 2009.

Su Jung C, Organizational Goal Ambiguity and Job Satisfaction in the Public Sector, Journal of Public Administration Research and Theory, Vol. 24, No. 4, 2013.

Su Jung C, Extending the Theory of Goal Ambiguity to Programs: Examining the Relationship between Goal Ambiguity and Performance, Public Administration Review, Vol. 74, No. 2, 2014.

T. B. Smith, The Policy Implementation Process, Policy Sciences, Vol. 4, No. 2, 1973.

T. Besley and R. Burgess, The Political Economy of Government Responsiveness: Theory and Evidence from India, The Quarterly Journal of Economics, Vol. 117, No. 4, 2002.

T. Harrison and G. Kostka, Balancing Priorities, Aligning Interests, Comparative Political Studies, Vol. 47, No. 3, 2014.

T. Heberer and A. Senz, Streamlining LocalBehavior Through Communication, Incentives and Control: A Case Study of Local Environmental Policies in China, Journal of Current Chinese Affairs, Vol. 40, No. 3, 2011.

T. Heberer and R. Trappel, Evaluation Processes, Local Cadres' Behavior and Local Development Processes, Journal of Contemporary China, Vol. 22, No. 84, 2013.

V. Shih, C. Adolph and M. Liu, Getting Ahead in the Communist Party: Explaining the Advancement of Central Committee Members in China, American Political Science Review, Vol. 106, No. 1, 2012.

W. Ocasio, Attention to Attention, Organization Science, Vol. 22, No. 5, 2011.

X. Gao, Promotion Prospects and Career Paths of Local Party-government Leaders in China, Journal of Chinese Governance, Vol. 2, No. 2, 2017.

X. Lü and P. F. Landry, Show Me the Money: Interjurisdiction Political Competition and Fiscal Extraction in China, American Political Science Association, Vol. 108, No. 3, 2014.

X. Li and G. W. Chan, Who Pollutes? Ownership Type and Environmental Performance of Chinese Firms, Journal of Contemporary China, Vol. 25, No. 98, 2015.

X. Tang, Z. Liu and H. Yi, Mandatory Targets and Environmental Performance: An Analysis Based on Regression Discontinuity Design, Sustainability, Vol. 8, No. 9, 2016.

X. Xu and Y. Gao, Growth Target Management and Regional Economic Growth, Journal of the Asia Pacific Economy, Vol. 20, No. 3, 2015.

X. Zhang, Implementation of Pollution Control Targets in China: Has a Centralized Enforcement Approach Worked? China Quarterly, Vol. 231, 2017, pp. 1 – 26.

X. Zhu, Mandate Versus Championship: Vertical Government Intervention and Diffusion of Innovation in Public Services in Authoritarian China, Public Management Review, Vol. 16, No. 1, 2014.

X. Zhu and Y. Zhang, Political Mobility and Dynamic Diffusion of Innovation: The Spread of Municipal Pro-Business Administrative Reform in China, Journal of Public Administration Research & Theory, No. 3, 2015, pp. 1 – 27.

Y. Huang and Y. Sheng, Political Decentralization and Inflation: Sub-National Evidence from China, British Journal of Political Science, Vol. 39, No. 2, 2009.

Y. Huang, Managing Chinese Bureaucrats: An Institutional Economics Perspective, Political Studies, Vol. 50, No. 1, 2002.

Y. Jing, Y. Cui and D. Li, The Politics of Performance Measurement in China, Policy & Society, Vol. 34, No. 1, 2015.

Li H., Zhou L. A., Political Turnover and Economic Performance: the Incentive Role of Personnel Control in China, Journal of Public Economics, Vol. 89, No. 9 – 10, 2005, pp. 1743 – 1762.

Y. Qian and G. Roland, Federalism and the Soft Budget Constraint, American Economic Review, Vol. 88, No. 5, 1998.

Z. Bo, Economic Performance and Political Mobility: Chinese Provincial Leaders, Journal of Contemporary China, Vol. 5, No. 12, 1996.

Z. Wang, Government Work Reports: Securing State Legitimacy through Institutionalization, The China Quarterly, Vol. 229, No. 1, 2017.

Z. Wang, Who Gets Promoted and Why? Understanding Power and Persuasion in China's Cadre Evaluation System, Social Science Electronic Publishing, 2013.

网络文献

南方周末：《"死亡指标"是怎么算出来的?》，2007 年 12 月 18 日，http://www.infzm.com/contents/9423/，2018 年 2 月 16 日。

人民网：《坚持改革创新，强化依法治理，全力遏制重特大事故多发的势头》，2016 年 1 月 15 日，http://politics.people.com.cn/n1/2016/0115/c1001 - 28055024.html，2017 年 8 月 22 日。

人民网：《十年，从安全生产到安全发展》，2012 年 10 月 24 日，https://www.china-safety.org.cn/caws/Contents/Channel _ 20232/2012/1024/186861/content_ 186861.htm，2017 年 9 月 1 日。

人民网：《别对"死亡指标"断章取义》，2014 年 6 月 16 日，http://opinion.people.com.cn/n/2014/0616/c1003 - 25153586.html，2017 年 9 月 23 日。

网易新闻：《保障生命安全不能设"死亡指标"》，2014 年 6 月 14 日，https://www.163.com/news/article/9UMMOG6A00014Q4P.html，2017 年 9 月 23 日。

新浪网：《广东最后十家煤矿关闭，全省全面退出产煤行业》，2006 年 6 月 12 日，http://news.sina.com.cn/c/2006 - 06 - 12/14369185099s.shtml，2018 年 2 月 10 日。

新浪网：《我国百万吨煤死亡率为美国 100 倍南非 30 倍》，2004 年 11 月 12 日，http://news.sina.com.cn/c/2004 - 11 - 12/15174897995.shtml，2017 年 8 月 25 日。

新浪网：《亿元 GDP 生产事故死亡率是美国 20 倍》，2006 年 2 月 16 日，http：//news. sina. com. cn/c/2006 - 02 - 16/04348217492s. shtml，2018 年 2 月 16 日。

中国新闻网：《重大事故集中爆发，中国政坛掀罕见"问责风暴"》，2008 年 11 月 11 日，http：//www. chinanews. com/gn/news/2008/11/11/1445169. shtml，2017 年 9 月 23 日。

中华人民共和国中央人民政府网：《地方政府工作报告汇编（2003 年至 2013 年)》，2006 年 7 月 25 日，http：//www. gov. cn/test/2006 - 07/25/content_ 344709. htm，2017 年 10 月 3 日。

后　记

安全生产治理是我国各级党委、政府面临的重大公共治理难题之一。2004年，国务院开始向各省（区、市）人民政府下达生产安全事故结果控制指标，以此来对各省（区、市）政府年度安全生产状况进行定量目标考核。面对中央政府下达的安全生产控制指标，地方政府一方面通过将控制指标向更低层级政府层层分解、层层问责，从而确保达到中央政府控制指标要求；另一方面，陆续出台"一票否决"制度，把安全生产工作纳入政府目标管理和干部政绩考核之中。通过上级政府确立年度目标、自上而下层层签订责任状、目标定量考核与结果应用等步骤，将安全生产治理工作纳入地方政府政绩考核体系。由此，安全生产目标考核制度的治理效果如何？目标考核制度又是如何驱动地方政府改善安全生产治理行为、进而产生治理效果的？其内在的作用机制何在？对以上问题的尝试性回应是我开展相关研究的出发点。

本书的主体部分是基于我的博士学位论文完成的。得益于母校兰州大学管理学院六年来的培养，让我能够在对政府绩效管理与评价、公共政策绩效等主题的科学研究中起步。我在博士阶段相关研究成果的取得、特别是本书选题和分析框架的确定离不开导师柴国荣教授的辛勤指导。本书的如期出版还要感谢中国社会科学出版社许琳编辑的帮助与支持。成书过程中，肖依娜和郝娇智对书稿的编辑校对工作贡献颇多，在此一并表示感谢。当然，由于学识、精力所限，书中难免有错讹之处，恳请读者批评指正。

毕业后，我回到家乡、有幸加入内蒙古大学公共管理学院继续开展科学研究工作。本书的出版得到了内蒙古大学2019年高层次人才科研启动金的资助，在此表示感谢。基于本书相关内容所进行的后续研究，得到了国家自然科学基金青年项目（编号：72004105）、国家自然科学基金面上项目（编号：71472079）和教育部人文社会科学青年基金项目（编号：20JYC630049）的资助，本书亦是上述项目的阶段性成果。

本书修订成稿期间，儿子渊渟出生。本书是送给他的礼物。愿他一生平安顺遂，长乐无忧。

姜雅婷

2021 年 11 月 20 日于青城